跨越时空的骰子

量子通信、量子密码背后的原理

［瑞士］尼古拉·吉桑　著

周荣庭　译

上海科学技术出版社

图书在版编目(CIP)数据

跨越时空的骰子：量子通信、量子密码背后的原理 /
(瑞士)吉桑(Nicolas Gisin)著；周荣庭译. —上海：
上海科学技术出版社,2016.8(2019.1 重印)
ISBN 978 - 7 - 5478 - 3134 - 2

Ⅰ.①跨… Ⅱ.①吉…②周… Ⅲ.①量子力学-研
究 Ⅳ.①O413.1

中国版本图书馆 CIP 数据核字(2016)第 153949 号

Original title：L'IMPENSABLE HASARD. Non-localité, téléportation et autres
merveilles quantiques By Nicolas GISIN
© ODILE JACOB, 2012
This Simplified Chinese edition is published by arrangement with Editions Odile
Jacob, Paris, France, through Dakai Agency.
Translation copyright © 2016 by Shanghai Scientific & Technical Publishers

跨越时空的骰子
量子通信、量子密码背后的原理
[瑞士] 尼古拉·吉桑　著
周荣庭　译

上海世纪出版股份有限公司
上海科学技术出版社 出版
(上海钦州南路 71 号　邮政编码 200235)

上海世纪出版股份有限公司发行中心发行
200001　上海福建中路 193 号　www.ewen.co
上海商务联西印刷有限公司印刷
开本 635×965　1/16　印张 11.25
字数 120 千字
2016 年 8 月第 1 版　2019 年 1 月第 5 次印刷
ISBN 978 - 7 - 5478 - 3134 - 2/N・114
定价：28.00 元

致 谢

感谢我的学生和合作者,和他们的交流对本书的完成有很大促进。我还要感谢阅读本书初始版本并提出意见的其他人,特别是法语版编辑维特科夫斯基(Nicolas Witkowski)。这本书得益于他们的耐心和能力。同样感谢瑞士国家科学基金会以及欧盟,它们对我的实验室提供了慷慨的资助;感谢日内瓦大学,在这里工作是如此诗意。最后,感谢上天给予我的幸运——允许我生活在如此一个对于物理学来说激动人心的时代,并允许我给予这个时代自己谦卑的贡献。

中文版序

　　量子力学是当今物理学基石之一,也是近代自然科学技术和社会经济发展的支柱。1935年,爱因斯坦等人针对量子力学的完备性提出著名的EPR(Einstein-Podolsky-Rosen)佯谬:基于局域性和实在性这两个在经典物理学观念中非常合理的假设,利用所谓的"纠缠态",可以同时精确测量微观粒子的位置和动量,而这与量子力学的"海森堡不确定性原理"不相容。据此,EPR认为量子力学是不完备的,需要所谓"隐变量理论",而当时以玻尔为代表的量子论捍卫者则坚持量子力学的完备性。该佯谬自提出之后,就处于哲学争辩的状态,但一直没有实验检验来最终判定。

　　直到1964年,约翰·贝尔(John Bell)提出了著名的贝尔不等式,成为验证上述问题孰是孰非最有力的判据,并使得EPR佯谬的实验检验成为可能。贝尔不等式的证明过程非常简洁,但在量子力学基础方面扮演着至关重要的角色,有人甚至认为"贝尔不等式是科学史上最深邃的发现之一"。20世纪80年代初,法国物理学家阿兰·阿斯佩克特(Alain

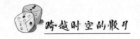

Aspect)等人首次完成了贝尔不等式实验,人们终于可以用实验来检验 EPR 佯谬。至今为止,仍然有大量关于贝尔不等式各种版本的理论研究和实验检验结果发表。也正是对量子力学基础问题的持续、深入探索,才带来了如今量子信息与量子调控领域的蓬勃发展。

在本书中,著名量子物理学家、瑞士日内瓦大学尼古拉·吉桑(Nicolas Gisin)教授以诙谐的语言,深入浅出地解释了量子非定域性、量子纠缠、量子测不准原理、量子不可克隆定理等量子世界中特有的奇特现象;介绍了上述原理在量子通信领域中的应用,如量子隐形传态、量子密钥分发等;探讨了一些开放性问题,如无漏洞贝尔不等式的检验等。该书是量子信息领域很有价值的科普读物,原始版本为法语,已经先后被翻译成包括英语、德语在内的多种不同语言,适合于量子物理与量子信息领域的学生、青年学者以及其他对此领域感兴趣的读者。

吉桑教授是我的好朋友,自 20 世纪 90 年代初,他带领团队长期从事量子物理基础、量子通信理论与实验、实用化量子密码等方向的研究,是该领域具有重要影响力的科学家。由于在量子信息领域的杰出贡献,他先后于 2009 年、2014 年荣获约翰·贝尔奖(John Stewart Bell Prize)、量子信息领域最高奖——国际量子通信奖(International Quantum Communication Award)及瑞士国家最高奖——马塞尔·伯努瓦奖(Marcel Benoist Prize)。

在书中,吉桑教授介绍了他的团队在量子通信实验领域的一些进展。值得一提的是,我国在量子通信实验领域也取得了一系列具有国际重要影响力的成果。比如,2012 年,中国科学技术大学的团队在国际上率先实现八光子的量子纠缠,并在此基础上完成了百公里量级的自由空间量子隐形传态。2015 年,又首次实现多自由度量子隐形传态等。而在量子通信实用化应用方面,今年我国将建成连接北京、上海的光纤量子通信骨干网"京沪干线",同时将在国际上率先发射"量子科学实验卫星",实现高速的星地量子通信并连接地面的城域量子通信网络,初步构建我国的广域量子通信体系。

正如著名物理学家约翰·惠勒(John Wheeler)所言"过去一百年间量子力学给人类带来了如此之多的重要发现和应用,有理由相信在未来的一百年它还会给我们带来更多激动人心的惊喜",我们相信,随着重大基础科学问题的解决和实验技术的迅猛发展,量子物理将会在诸如量子通信、量子计算与量子模拟、量子精密测量等领域不断地形成新的科学前沿,激发革命性的科技创新,产生重大的科学突破。

潘建伟

2016 年 7 月于合肥

序

"一见钟情！"这是吉桑（Nicolas Gisin）初次接触到贝尔（John Bell）的理论时所说的话。闻知其感受，我的脑海中也浮现出 1974 年秋日里自己沉迷于贝尔论文时的情形。尽管这篇论文在当时鲜为人知，我却完全明白，这将会是通过实验方式诠释量子力学，解决玻尔（Niels Bohr）和爱因斯坦（Albert Einstein）分歧的关键！

在当时，即便有些物理学家已经知道爱因斯坦、波多尔斯基（Boris Podolsky）和罗森（Nathan Rosen）提出的"EPR 佯谬"，却很少有人听说过贝尔不等式，更别说去关注量子力学的基础概念了。1935 年发表在《物理评论》（*Physical Review*）上的 EPR 佯谬论文，在一些大的图书馆里很容易查阅到。而贝尔的那篇论文就没有这份幸运了——它躺在一份不为人知的新期刊上，而那份期刊仅发行了四期便遭遇了停刊的厄运。在那个没有互联网的年代，那些没有发表在主流期刊上的论文只能借助复印机进行传播。在希莫尼（Abner Shimony）的一次来访中［受德帕尼亚（Bernard d'Espagnat）邀请访问奥尔

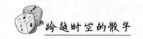

赛]，我得到了贝尔那篇文章的复印件——复印自光学研究所（Institut d'Optique）的年轻教授英伯特（Christian Imbert）所整理的文件。沉浸在贝尔带给我的震撼中，我决定将自己的博士学位论文聚焦于对贝尔不等式进行实验检验，而英伯特教授也欢迎我在他的麾下工作。

在贝尔清晰无误、让人印象深刻的论文中，我找到了实验者将面临的严峻挑战：当**纠缠的粒子**（entangled particle）从放射源发射到测量区域时，如何改变偏振检测仪的方向？解决这一技术难题的关键是：借助相对论基本原则，即物理效应不能以超光速传播，我们可以避免改变偏振检测仪方向对粒子放射机制或测量方法所造成的影响。通过这样的实验，我们可以精确地检验两种互相冲突的理论到底哪一个是正确的：是玻尔的量子力学还是爱因斯坦所坚守的**局域实在论**（local realism）？局域实在论包含两个基本原则。首先，系统存在**物理实在**（physical reality）；其次，**局域性假设**（locality assumption）成立，即由于相对论基本原则，一个系统不会被遥远空间外的另一个封闭系统内所发生的任何事情立即影响。最终，实验证明量子力学是正确的，并迫使大多数物理学家放弃了爱因斯坦所竭力维护的局域实在论。但是，我们是否就要因此抛弃**实在论**（realism）或者**局域论**（locality）呢？

放弃物理实在的论点无法把我说服，因为我觉得物理学家的使命在于精确地描述这个世界的实在，而不仅仅是预测测量仪器上所呈现的结果。不过，倘若量子力学在这方面被证实了（时至今日，这看似已经确凿无疑），我们是否该认定，这个明显与爱因斯坦相对论准则相违背的**非局域相互作用**

(nonlocal interaction)是存在的呢？我们能否利用这种**量子非局域性**(quantum nonlocality)来传输有用的信号,比如,以超越光速的速度来点亮一盏灯,或者在证券交易所下个订单？但是,我们还不得不受量子力学另一特性的制约,即**基本量子非决定论**(fundamental quantum indeterminism)。这个理论认为,在任何具体实验中,我们都不可能左右实验的实际结果,尽管通过量子力学我们可以预见到可能出现的各个结果。可以确定的是,量子力学虽然可以对实验中各种可能结果的概率进行极其精确的计算,但是这些概率仅在相同实验多次重复时才有统计学上的意义。正是这种**基本量子随机性**(fundamental quantum randomness)禁止了信息的超光速传播。

在许多介绍量子物理最新进展的科普读物中,吉桑的这本书清晰地强调了基本量子随机性的关键地位。比如,如果没有基本量子随机性,有朝一日我们可望设计出超光速电报系统！假使我们能发明出这种只有科幻小说里才有的神秘装置,就不得不对以前所有的物理理论进行一次彻底的修正。我不认为有什么不可触碰、无法更改的物理理论。恰恰相反,我本人一直坚信,任何物理理论都有可能被适应领域更广阔的理论所取代。然而,如果要修改一些基石理论,就会引发一场真正意义上影响深远的物理观念变革。虽然人类历史中出现过几次非同凡响的观念变革,但这些根本上的观念变革是极其罕见和震撼的,人们不能轻易希冀这样的奇迹时刻会再次发生。尽管非局域性量子物理充满了奇特之处,吉桑也未曾推翻爱因斯坦相对论中禁止超光速传播的基本法则。我觉

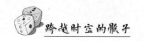

得这是本书很值得注意的一个重要特征。

在上述问题上，本书坚持如此独特的立场而不是跟着其他科普图书人云亦云，这一点也不让人惊讶。原因是，吉桑在20世纪最后25年那场量子理论革命中是一位关键人物。

第一次量子革命于20世纪初开始，标志是波粒二象性的发现。我们因此能极其精确地描述构成物质的原子，形成金属、半导体内电流的电子云以及构成光束的数以亿计的光子的统计特征。我们也终于能理解固态物质的力学属性，例如由相互吸引的正负电荷组成的物质为何不会自我塌缩，这一点经典物理完全无法解释。量子力学使人们可以对物质的光学性质、电学性质进行精确的定量描述。同时，量子力学也为描述神奇的超导现象和某些基本粒子的独特属性提供了必要的概念框架。在首次量子革命的照耀下，物理学家们发明了晶体管、激光发射器、集成电路等新装置，正是这些发明引领我们步入了现今的信息时代。

到了20世纪60年代，物理学家们开始追问在第一次量子物理革命中被搁置的两个问题：

第一个问题：我们如何把可以做出精确统计预言的量子物理运用到单个微观粒子？

第二个问题：量子物体的**纠缠对**（entangled pair）的惊人特性是否真的与自然规律相一致？它在1935年的EPR论文上被描述过，却从未被观测到。我们在这个问题的探索上是不是触及到了量子力学的边界？

这些问题的答案，先由实验物理学家给出，随后理论物理学家对其加以完善。这一系列工作引发了第二次量子革命，并持续至今！

单个量子的行为是目前物理学家们热烈讨论的焦点议题。在过去相当长一段时间里，大部分物理学家都认为这个问题没有什么意义，也不重要，因为尝试观测单个量子已是不可思议的事了，更别提去控制它，操纵它了。引用薛定谔（Erwin Schrödinger）的话：

> "……完全可以说，就像我们不能在动物园里养鱼龙①一样，我们难以对单个微观粒子开展实验研究。"

20世纪70年代是转折点，实验物理学家设计出了观测和操控像电子、原子、离子这样的单个微观粒子的实验方案。我一直对1980年于波士顿举行的原子物理国际大会上人们所表现出的热情记忆犹新。当时托谢克（Peter Toschek）展示了第一张单个囚禁离子的成像图片——该种离子在激光照射下会发射荧光光子，实验中便是据此成像的。从那时起，实验上的不断进展使得观测者能直接观测到量子的跃迁，这让数十年的论战画上了句号。这个故事表明，只要能正确解释计算上的概率结果，量子理论可以完美地描述单个量子的特征。

第二个问题和量子纠缠这一特性有关。关于这个特性的量子理论预测首先通过基于**光子对**（pair of photons）的实验获得了检验；随后一系列努力把实验场景逐步推进到了贝尔等理论物理学家所追求的理想状态。无论这些实验看起来多么不可思议，它们却非常一致地验证了量子理论的有效性。

---

① 鱼龙，大型海栖爬行动物，最早出现于2.5亿年前，于9 000万年前灭绝。——译者注

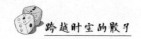

在20世纪80年代,吉桑不仅组建了一个研究光纤的应用物理团队,而且一直保持着对量子力学基础问题的强烈个人兴趣和理论上的执着追求。因为当时对这类问题开展研究尚未被视为有价值的工作,他还要对项目负责人保密,至少是保持低调。所以,他成为首批对光纤中光子对的纠缠现象进行检验的实验物理学家之一是再正常不过的事了。凭借博学的光纤技术知识,吉桑可以很好地使用日内瓦周边的商业电信光纤网络来展示相距几十公里依然存在的量子纠缠性,这让参加实验的人员也颇感意外。通过一些基于基础概念的简单实验,他证实了遥远物体间能发生纠缠,并让**量子隐形传态协议**(quantum teleportation' protocol)投入应用。他既是量子基础方面的优秀理论家,也是光纤应用方面的专家,因此,他成为首批将量子纠缠性应用于**量子密码**(quantum cryptography)和**真随机数**(truly random number)生成的科学家之一。

我们能在这本充满奇幻的书中发现吉桑的智慧所在。他用对大众来说浅显易懂的语言来描述量子物理中最特殊、最难以琢磨的问题(这一点是冒险的,而他成功了),并且避免使用数学公式。他解释了什么是量子纠缠、量子非局域性以及**量子随机性**(quantum randomness),同时还为我们展示了与这些理论相关的应用。但是,这本书又不仅仅是一本科普书,专业量子物理学者也可以就其中一些现象进行深层次的讨论,正如吉桑所强调的:我们还远没有搞清万物运行的机制以及运行结果。那么,即使局域实在已被实验否定,我们是否就要抛弃物理实在或者局域性呢?对于这个问题,我跟吉桑处于同一个战壕：局域论和实在论曾经密不可分，并且作为同一个理论在逻辑上是自洽的，那么将它一分为二并坚持其中之一也就是不可取的。如果某个局域的系统会立即受到空间上相互隔离的另一系统的影响，我们该如何定义这个局域系统中物理实在的独立性？这本书为我们提供了较为温和的解决方法。如果基础量子随机性存在，那么非局域性物理实在就能和爱因斯坦的相对论共存了。

即使了解这些问题的物理学家们也将在吉桑的书中找到让他们思考更上一层楼的资料；而一般读者在世界上最优秀的前沿专家的精心指引下，将直入问题的精妙之处，欣赏到量子纠缠和量子非局域性的神奇特性。

阿兰·阿斯佩克特（Alain Aspect）[1]
2012 年 5 月于帕莱索

---

[1] 法国物理学家，完成了贝尔不等式的第一个实验检测。曾获得沃尔夫物理学奖、爱因斯坦奖章等。——译者注

前　言

　　如果你生活在牛顿学说盛行的年代，你会想了解当时发生的一切么？

　　而当今的量子物理给世界带来的震撼与那时经典力学所引起的震撼是差不多的。现在，我们有机会去体验这种震撼。

　　这本书能帮助你了解现今发生的一切；书中没有繁琐的数学公式，却并未试图去规避量子物理概念的难以理解之处。探索物理学理论所能预言的结论或者精确地去进行理论预言，物理学家需要借助于数学；然而数学不足以呈现出物理那无尽的内涵。因为物理最吸引人的一点不是数学，而是它的概念。在物理中关键不是公式计算，而是理解。

　　这本书中的某些章节需要读者们认真开动脑筋，努力去理解。每个人都会有所理解，没有人会全部理解！在这个领域中，理解基础概念会很艰难。不过，我打赌你们所有人都能理解这场我们正在进行的概念革命的部分内容，并且会因理解而身心愉悦。为此，需要有以下心理准备：并不是所有的内容都是简单明了的；不要时常给自己"我根本搞不明白物

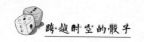

理！"的暗示。

如果某个章节对你来说太难了，请继续阅读下去，后面的内容可能会点醒你。这样或许你会理解，我那些追寻灵感的物理学同事们为何能从这本书中得到那么多的乐趣。如果必要的话，翻回前面，重新阅读那些曾让你困惑的章节。告诉自己：重要的不是读懂一切，而是要有全局的视野。这样到最后，你能发现你不借助数学知识，就已然对量子物理有了很大程度的理解。

对量子物理的讲述总是充满了长篇累牍的说教和含糊其辞的哲学评论。为了避免这种误区，除了"基本事实"以外我们什么都不借助。当物理学家做实验时，他们是在对永恒的实在进行探寻。物理学家会决定提出什么问题，以及什么时候提出。比如研究一个发着红光的灯泡时，物理学家不会纠结于灯光到底是不是真是红色的，或者这来源于一种错觉。他们会认为：灯泡是红的，仅此而已。

在阅读中，你会在不同章节中读到一些轶事。同时，我的教学经历告诉我，应当在不同的情境或章节中重复一些要点。最后，我在这本书中评判前人的历史或成就并不是出于自负。我对那些大名鼎鼎的前辈们的评论只是我个人的看法，这些看法是建立在我人生中三十多年的专业物理生涯之上作出的判断。

导　读

　　从小开始，我们就知道该如何接触一个我们够不到的物体：要么我们向它挪动，比如像婴儿那样爬过去；要么我们得用一个物件，比如说一根木棒，作为我们延长的手臂触碰它。后来，我们了解到，更复杂的机制也是同一原理。比如：把一封信放进信箱，信会先由邮递员集中起来，手工分类或者用机器分类，接着装上大货车、火车或者飞机，然后运往目的地。网络、电视以及其他数不胜数的日常案例告诉我们：任何两个相隔的物体之间的相互作用总是从一点到另一点连续发生的——这些传播方式依据的也许是某些复杂的机理，但是这些传播都是连续的，我们能在空间和时间中定位其轨道，至少原理上是可以的。

　　然而，量子物理，这种研究我们日常感知世界之外的学科，断言相互之间距离很遥远的物体有时能构成一个整体。这样，尽管两个物体被遥远的空间所分割，如果我们触碰两个物体中的一个，这两个物体都会振动！如何才能相信这种事情？能对这样一个观点进行实验验证么？我们需要搞清其原理么？我们能利用量子物理的这个"古怪"之处，即"分散的物质能构成一个整体"这个概念，来做到远距离通信么？这正是我们这本书要试图回答的主要问题。

我将会和你们分享这个从另一个世界得来的迷人发现。这个世界中万物并不以连续的、点对点的方式相互作用，而是通过"非局域"的方式相连接。在后面，我们将讲述**真随机**的概念，讨论**关联**，**信息**以及**自由意志**。我们也会了解到：物理学家是怎么发现非局域关联的；他们如何利用它们创造出不可破解的密码；以及这些神奇的关联是如何使量子通信成为可能的。这本书的另一个目的是为了明确科学的界线。我们该如何说服自己相信那些不符合直觉的事物？我们需要什么证据才能改变范式，接受概念上的革新呢？站在更高的高度上回望，我们会发现非局域性量子力学其实是易于理解，很平常的。我们最终会发现大自然能产生随机（这种随机是真随机！），而且这种随机会在距离遥远而且不会相互靠近的区域中同时出现。我们将看到，正是这种真随机特征使得人们无法利用非局域性进行超光速的信息传播，这缓解了与相对论基本原理"任何物理量不能以超光速传播"这条法则的冲突。

我们生活在一个伟大的时代。现在，物理学能检测我们所能设想的几乎所有猜想。我们已经知道，相隔遥远的物质之间不能"互相作用"的观点是错误的。我给"互相作用"加了引号是因为这是我要说的重点。物理学家探索的量子物理世界充满原子、光子以及其他很神秘的物质。身处这场革命而不被其吸引是很遗憾的，就如我们与达尔文或者牛顿一个年代却与他们的科学革命擦肩而过一样。事实上，当今这场概念革命正在深刻地"绽放",改变了我们对于自然界的印象,必将产生许多像魔法一样的科技。

在第 2 章,通过被我们称为**贝尔游戏**(Bell game)的实验,关联(correlation)这一概念将得到阐述,这将是我们所涉及内容的核心。在这一章,我们将看到,如果仅仅通过空间中从一点到下一点逐点连续作用的相互作用方式,某些关联将是不可能实现的。这一章对随后的内容至为重要,尽管没有提及量子物理。这一部分也许是全书中最难理解的,但是后面的章节会有助于你不断加深对这一核心概念的认识。

接着我们设想:在了解并接受真随机概念(第 3 章)以及量子系统不可克隆定理(第 4 章)之前,如果你见识到有人赢得了贝尔游戏将作何感想?——这看起来明显不可能。虽然量子力学如此预言。之后的第 5 章和第 6 章,我们将对这些奇特的量子理论进行介绍:首先介绍的是**量子纠缠**(quantum entanglement)的概念;随后将对相关实验进行描述,并由此得到不容置疑的结论:自然是非局域性的。

在接受"自然是非局域性的"这个离奇观点之前,我们会问自己:事情真的只能如此吗?在第 9 章,我们将会介绍物理学家为了拯救局域性所进行的各种富有想象力的尝试。故事并没结束,相反,故事正处于如火如荼的发展阶段,相关研究仍然是物理世界的研究主流和重点。而且,这一章还显示了物理学家的"狡诈"天性。继续我们的故事,在第 10 章将描述几个正在进行中的引人入胜的实验,这将使我们紧随科学世界的最前沿。

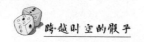

量子物理有什么用?

"这有什么用?"这是我最常被问到的问题,好似不能立刻转化为应用的事情便不应该去做一样。我只能这样回答:"那么,去电影院又会有什么用处呢?"事实上,从事我所痴迷的研究,我会得到薪水,去电影院享受,我却必须自己付钱。因此,我还试图找到一个更为适宜的答案。但是坦白地说,我的最优回答还就是:它确实很迷人!

尽管我领导的是一个应用物理团队,但我每天早起工作却并非为了发明某些新东西。我的一切努力仅仅是因为物理着实让我着迷!理解自然,尤其是理解它如何产生非局域关联,已足以成为我的动力之源。那么,为什么我要在一个应用物理团队工作呢? 仅仅是出于机会主义的考虑么? 实际上,关心物理学原理和概念的具体应用有很自然的缘由,即便真正萦绕你心间的是物理学概念本身;甚至可以说,尤其是当你倾心于物理学新概念本身时,关心相关的具体应用更有其独特的价值。一个新的概念必将产生新的视野,开启新的、前所未有的应用前景。概念越富有革命性,其应用就越充满神奇、浪漫的色彩。在应用物理团队工作的一个极大好处正是,这为我们检测新理论、新概念的真实性、有效性提供了最直接、最有说服力的工具。试想,当一个概念得到影响广泛而深远的实际应用时,谁还会对这些新奇的概念嗤之以鼻;谁能去否定一个在现实生活中被到处运用的理论呢?

量子非局域性的故事是对这一想法很好的诠释。直到第一次应用前,大多数物理学家都忽视了纠缠和非局域性的重要性,甚至视其为纯粹的哲学问题。在 1991 年之前,对这些领域展现出研究兴趣是需要勇气的,甚至需要些冲动和鲁莽。当时几乎没有任何这一研究方向的学术职位,尽管现如今所有人都对它表现出极大的兴趣。显然,如今政府资助这些研究中心的动机更倾向于量子技术而不是其背后的量子概念。但重要的是,毫无疑问,这些研究机构的学生有了学习这些新物理概念、思想的机会。

　　第 7 章介绍了量子理论的两种商业应用:量子密码和量子随机数生成器。量子通信这一量子领域最令人惊异的应用将于第 8 章介绍。

目　录

第 1 章
开胃小菜

在介绍这本书的核心概念之前,我想拿两个小故事作为引子,这将帮助你了解我们的故事所发生的背景。一个是真实的故事,发生在遥远的过去;另一个是想象的场景,在不远的将来也许会成为现实。

牛顿:天大的谬论

牛顿的万有引力定律众人皆知,即:物体间存在着相互吸引作用,而且这种相互吸引大小取决于它们的质量以及相互之间的距离(更精确地说,作用力与相互距离的平方成反比,但是在这本书里这不是核心问题)。比如,太阳和地球通过引力联系在一起。引力充当向心力,使得地球在围绕太阳公转的近圆轨道上运行。这种联系对于其他系统也适用,包括地月系统,甚至围绕着星团中心旋转的银河系。

让我们首先分析一下地月系统。月球所受到的来自地球的吸引力取决于地球的质量以及地月之间的距离,月球如何感知到这一作用形式的？即，月球究竟如何感知地球的质量和两者之间的距离？难道它像我们前文提到的那样，伸出一根很长的棒子碰到了地球？或者它向我们发射某种微粒进行探测？它们究竟是通过哪种特殊的方式进行了交流呢？这种问题看似幼稚，其实却很严肃，牛顿对其充满不解，并为之陷入困惑的深渊。万有引力定律，牛顿创立了它并且通过它赢得了巨大声望，但在他自己看来，这一理论荒谬之极，"头脑清醒的人都不会将它当作一回事儿。"（见"百宝箱1"）。

百宝箱1

牛　顿

"我们这里所论及的引力应是物质固有的、内在的、本质的属性。因此，一个物体可以不通过任何介质而穿过真空中的距离对另一个物体产生作用，并将它们的作用（Action）和力（Force）传送给对方，这一事实对于我来说简直就是一个天大的谬论。因此，我相信，任何有足够的哲学思维能力的人都不会陷于此。"[①]

目前，我们可以肯定地说，牛顿的直觉是正确的。虽然，为了弥补牛顿理论的概念性空白，付出了物理学家几个世纪的艰辛以及爱因斯坦的天赋、智慧。时至今日，物理学家们知道引力以及正负电子间的相互作用并不是瞬间发生的，而来源于某种"信使"的传播。因此，上面提到的"微粒"假设是正

---

① Cohen B, Schofield R E. Isaac Newton Papers and letters on Natural philosophy and related documents. Harvard University Press, 1958.

确的。物理学家对这些作为信使的微小粒子进行了命名：引力的信使被称为**引力子**（graviton），电磁力的信使则被称为**光子**（photon）。

沿着这种物理学思维方式，自爱因斯坦始，物理学将大自然描述为一个只能在空间中进行连续的、逐点相互作用的局域性实体的集合。这个观点当然符合我们对世界的直觉，也符合牛顿的观点。但是现代物理学同样建立在另一根理论支柱——量子力学之上，它被用于描述原子和光子的世界。爱因斯坦参与建立了这个理论。在 1905 年，他将光电效应解释为：光线中的微粒，即光子通过轰击金属表面并与表面的束缚电子发生相互作用而激发出电子，就像运动的弹球间的相撞一样。但是，随着量子物理的发展和成形，爱因斯坦开始排斥、批评这个理论，因为他很快察觉到为了维护这场物理"闹剧"，需要引入了一种超距离相互作用的概念。就像三个世纪前的牛顿一样，爱因斯坦排斥这种假设，他认为这是荒唐的，并将之形容为"幽灵般的超距作用"（a spooky action at a distance）。

今日，量子力学殿堂金碧辉煌地耸立起来了，成为现代物理学的核心。它确实蕴含着一种可能让爱因斯坦颇为不悦的非局域性概念，虽然在本质上，这种非局域性与困扰牛顿的非局域性迥然不同。除此之外，这种量子非局域性是由牢固的实验支持的，我们甚至发现了它在密码技术上的应用前景，它同样使量子通信这一让人惊异的技术成为可能。

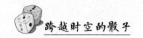

诡异的"非局域"电话

接下来的故事乍看起来好似不够奇幻,但却是个科幻故事。或许,不久的将来这个故事将通过科技变成现实。

我们想象一下两个朋友在打电话。为求简便,我们根据字母表的顺序分别命名他们为艾丽斯(Alice)和鲍勃(Bob)①。以前两人打电话时,有时会出现信号不好或者有杂音的情况,这次也不例外。不过这次通话实在难以进行,因为鲍勃所说的艾丽斯一点也不能听清。她能听到的只是连续的噪音:

"c－h－r－z－u－k－s－c－r－y－p－r－r－s－k－r－z－y－p－c－z－y－k－r－t－……"。

同样,鲍勃听见的也只有相同的噪音:

"c－h－r－z－u－k－s－c－r－y－p－r－r－s－k－r－z－y－p－c－z－y－k－r－t－……"。

他们徒劳地对着话筒大喊大叫,反复通话,在电话线长度允许的最大限度下改变电话在公寓的位置,而这些都不起作用。多恼人! 这个电话实在名不副实,用它两人根本无法交流。

不过,艾丽斯和鲍勃都是从事物理学的学生。他们各自记录下了这个仪器发出的一分钟时长噪音。这样,艾丽斯能向鲍勃证明她已经尽了最大的努力去尝试理解这些声音,鲍勃也是如此。令人吃惊的是:两个朋友所记录的噪音竟然严格一致。他们使用的是数字记录仪。艾丽斯和鲍勃发现,他

---

① Alice 和 Bob 是量子世界中常用的两个虚拟人物。

们两人所记录信息的每一个比特都是相同的。实在难以置信！这个声音肯定来源于接线员，或者电话线上的某处。由于声音是完全同步的，他们认定：声源应该在电话线的正中点，这样它刚好可以同时到达艾丽斯和鲍勃那里。

两个朋友决定验证他们的假设。他们设计实验来证明他们的猜测——噪音的起因是连接他们的电话线的正中间处的电子元件出现了故障。艾丽斯提议用一截长电缆来延长她的电话线，这样，相对于鲍勃，她接收到的噪音将会略有延迟。但事实并非如此，一切都没任何改变！两边所接受到的噪音不仅依然完全一样，它们到达记录仪的时间也完全同步。鲍勃提议，那么就切断电话线吧！但是声音依然存在！

如何解释这个现象呢？难道声音不是通过电话线传导的么？是因为有人无意中把一个无线电话挂在墙上了么？要不然就是声音是电话自己产生的，而不是两个电话间的某个声源造成的。难道是因为某个遥远星系爆炸后让这两台能接收信息的电话产生了同样的声音？如何证明这些假设呢？鲍勃具有电磁学的知识，他把自己关在了**法拉第笼**（faraday cage）里，这是一种金属网络的笼状结构，可以屏蔽一切试图进入其中的无线电波。但声音依然存在。艾丽斯提议，他们相互远离对方——很远，很远……这样的话，不论这个声音是通过何种力学机制传播的，声源和接收者之间的联络强度将随两者之间的距离增加而渐渐减弱，直至消失。但是又一次，什么都没有发生改变，一切如初。

艾丽斯和鲍勃对他们的遭遇如此下结论：他们的电话听筒记录了一长串的声音，只要每次拿起话筒，电话都将重新播

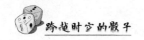

放这串声音；而且这一串声音是精确地依据时间而仔细排列的。这样，两部电话便会总能同步地产生同样的声音。

因为寻找到了问题的合理解释，艾丽斯和鲍勃感到了巨大的愉悦，他们自豪地将新发现告诉教授。教授及时称赞了他们的努力，但是说："你们的结论——两个电话通过某种共同原因，即两个电话话筒事先已经记录下了相同的声音，而可以同步产生同样的声音——只是一个猜想。这个猜想是能被检测的。这种检测，我们称之为**贝尔检测**（Bell test）。"贝尔检测，或称为贝尔游戏，将在随后的章节为大家展示。在眼下，你们只需知道，艾丽斯和鲍勃匆忙返回他们的房间，加紧对他们的电话实施贝尔检测，却失败了。他们重复了很多次实验，结果总是一样。电话话筒自身记录声音的这个理论被否定了。

艾丽斯和鲍勃不断思索：究竟是什么力学机制让他们的电话在相距很远，且没有提前记录信息，没有相互联系的情况下产生了同样的声音。他们白白地耗费脑力，完全想象不出该如何解释这种现象。他们回去询问教授，教授回答："你们找不出是什么力学机制并不让我惊讶，因为根本没有这种力学机制；这不是一个力学问题，而是量子物理。声音是随机产生的，而且是真正的随机。声音的每一个比特在电话话筒产生它之前都是不存在的。还有，这种量子随机可以在几个地方同时出现，比如在你们的两个电话话筒中。"

"但是，"艾丽斯大声说："这不可能。信号应该随着电话之间的距离递减，不然这意味着我们可以在任意距离上联络。"

"还有，"鲍勃说："完全同步意味着任意速度的通信，可以比光速还快。这不可能！"

教授依然保持冷静："你们说过，尽管你们改变了位置，转向其他方位，或者摇晃电话，声音却还是不变。现在你们意识到了吧，随机产生的声音并没有让你们成功交流，你们话筒另一边的人也没有从你们做的那么多事中得到任何信息。"他继续总结："因此这没有和爱因斯坦的相对论冲突，你们很好地证明了没有任何通信传播能比光速更快。"

艾丽斯和鲍勃无言以对。的确，在这场电话闹剧中，他们并没有实现任何交流，因此这个设备根本不能称为电话，虽然它有着一般电话的样子。但是它们是如何在不交流、不事先串通的情况下一直产生相同声音的呢？真随机能同时出现在好几个不同的地方的解决方案又意味着什么呢？片刻的沉默后，鲍勃恢复了清醒，开始了新的思考："事情如果真的如此，那么我们应当可以利用这种现象设计些具体的应用方案。建造一些具体的东西，研究、使用它，直到明白在表面现象的背后，它是怎么运作的。毕竟，我们也是用这样的方式搞清楚了电的原理，球的旋转如何改变它的运动轨迹等。事实上，我们对事物的一切了解都是这样得到的。"

"对！"教授总结道："这个现象可以用来生成随机数，给机密通信进行加密，我们称其为量子加密技术，它还能应用于量子通信。"但是，我们首先必须理解这本书的中心概念——非局域性。我们将通过对关联的概念探讨和对贝尔实验的描述来理解它。

第 2 章
局域关联和非局域关联

　　本书的中心概念是非局域关联（nonlocal correlation）。我们将会认识到这个概念和真随机（true randomness）紧密相连，真随机意指那些本质上无法预测的事件。偶然性本身已经是一个非常有趣的课题，我们在这里要探讨的却将是非局域偶然性。这一全新的概念，既让人惊讶，亦颇具革命性。要领悟非局域关联和真随机这两个概念的深刻联系殊为不易，这也意味着本章内容会成为全书最让人费解的部分，然而本书的其他章节将有助于我们去理解这些概念。为了充分说明非局域关联和真随机的观念确实存在，物理学家们设计了一个游戏——贝尔游戏。物理学家真的就像一群大孩子，为了解玩具的机理而一次又一次地把它们拆散。

　　在介绍这个游戏前，我们需要回忆一下什么是"关联"。物理学的本质便是：通过观测发现事物间的关联；然后构建理论，对这些关联进行解释。约翰·贝尔常说：关联迫切需要解释[1]。我们首先展示一个关于关联的简单例子，随后问自己：究竟什么样的理论能解释它。我们将看到，真正可选的解释方式很少。如果我们把范围限制在那种相互作用通过点对点的形式连续地在空间传播的局域性理论，那就仅有两种模型可供选择了。

贝尔游戏让我们能够研究特殊的关联。这个游戏需要两人共同完成，协同操作，从而一起获得高分。这个游戏的规则很简单，玩起来很容易。相反，我们难以立即就了解其设计目的——其目的是为了认识一种非局域性的计算。实际上，这个游戏本身并不有趣，了解它是如何运行的才有趣。通过这种方式，我们将进入问题的核心——非局域关联和当下的概念革命。

不过，我们还是从头说起吧！——关联的概念。

关　联

每天我们都会做出选择，这些选择都会有相应的结果。有一些选择及其结果会更重要一些。

有些结果仅仅取决于我们自己的选择，但更多的情况，结果如何还依赖于别人的选择。在这些情况中，每个人的选择所产生的结果不是相互独立的，它们是相关的。比如，晚餐菜单的选择与街角食品店的货品价格有关，而这些价格或多或少又受附近其他食品店的影响。因此，同一街区居民们的菜

---

① Bell J S. Speakable and unspeakable in quantum mechanics. Cambridge University Press, 1987.

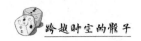

单是相关的：如果菠菜正在大量倾销，可能这道菜就会更多地出现在各家各户的菜单上。同一街区居民菜单产生关联的另一原因是人们的选择会受到其他人选择的影响。如果一个摊位前排着长长的队伍，我们也许会受到影响，想去看看什么东西那么吸引人；或者干脆离开，避免排队。这两种情况都导致了关联，第一种情况呈现的是正相关，第二种情况则是负相关。

将这个例子极端化，想象一下两个邻居，我们还是叫他们艾丽斯和鲍勃（我们将看到，他们在这个故事中扮演的角色和"电话闹剧"那个故事中的两个学生相似）。我们发现，日复一日，年复一年，他们每晚的菜单却总相同。也就是说，他们的晚餐菜单是完全相关的。如何解释这种关联呢？

一种可能是，鲍勃完整地抄下了艾丽斯的菜单，而不是自己决定什么菜单，或者反过来，艾丽斯完整地抄下了鲍勃的菜单。这便是说明这种关联的第一类解释方式：一个事件影响了接下来的另一个事件。我们是可以对这种解释方式进行检验的。那么就让我们像科学家一样对其进行验证吧！至少在"思想实验"中，我们可以把艾丽斯和鲍勃远远地分开，例如把他们放置在两个大洲上的两个不同城市中。他们每人所在的城市都应该有一个食品店，这样他们才可能去采购食物。为了避免他们相互影响，我们要求艾丽斯和鲍勃必须在完全相同的时刻确定自己的菜单。对了，如果把他们放置在两个相隔遥远的星系中就更好了！在这些情况中，他们是不可能进行交流以影响对方的，即便是通过某种无意识的方式（比如打

哈欠)互相影响①。然而,让我们想象如下情况依然发生了:
他们菜单间的完全关联仍然存在。这种关联不再能通过
"相互影响"来进行解释了,我们需要另一种机制来对其
解释。

第二种解释方式是:艾丽斯和鲍勃身边的杂货店实际上
都仅提供一种相同的产品,因此他们没得选。这两个食品店
在很久之前就为以后的岁月做好了菜单。这些菜单可能在不
同的晚上有所不同,但是每一晚食品店都严格遵循着菜单上
的指示做菜。有可能连锁食品店的经理已经准备好了菜单,
并且通过电子邮件发给这个星际食品店财团下属的所有成
员。这样,艾丽斯和鲍勃每晚肯定会选择同样的菜单。根据
这个解释,艾丽斯和鲍勃的菜单早已被决定了,而且是由足够
久的时间之前的共同原因所决定的,因此尽管漫漫空间将他
们分离,遥远过去的共同原因却依然影响着艾丽斯和鲍勃。
这个共同原因在空间中是从一点到下一点连续地运行的,没
有跃迁,也没有中断。因此,我们称其为**"共同局域原因"**
(common local cause):共同意味着源于共同的过去,局域则
是指所有这些都是在空间中从一点到连续的下一点逐步发
生的。

可见,对上述情形我们可以设想出可能的逻辑性解释。
现在请你好好想想:还有没有其他的解释方式? 对于艾丽斯

---

① 我们知道,在人群中,如果一个人打了个哈欠。这会对其他人产生影响,
其他人也容易受此感染而打哈欠,虽然双方可能都没有意识到这种影响的存在。
这是一个人与人之间无意识影响的典型案例。然而,虽然是无意识的,第二个人
也必须看到了第一个人打了哈欠,这种影响才能发生。因此,这种影响不可能超
光速传播。

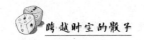

和鲍勃每晚都是完全一样的菜单这一事实,试着找找第三种
解释方式吧——不同于第一种(艾丽斯直接影响了鲍勃,或鲍
勃直接影响了艾丽斯),也不同于第二种(存在某种共同局域
原因)的解释方式。真的没有任何其他的解释方式么?也许
听起来令人震惊,但在量子力学之外,科学家从未找到第三种
解释。在量子物理领域之外,所有科学领域观测到的关联都
可以用"一个事件对另一个事件产生了影响"(第一种解释方
式)或共同局域原因,就像食品店财团的经理的作用一样(第
二种解释方式)来解释。在这两种解释中,直接影响或者共同
原因都是以从一点到下一点的方式在空间中连续传递的——
因此我们可以严谨地说,所有这些解释都是局域的。进一步
而言,如果某种关联可以通过局域方式来解释,我们便称这种
关联为**局域关联**(local correlation)。事实上,我们会发现量
子物理提供了第三种解释,这种解释正是这本书的主题。不
过在量子物理之外,无论地质学、医药、社会学还是生物学领
域,所有观测到的关联都可以通过这两种解释来说明。这两
种解释是局域的,因为它们建立在一系列从一点到下一点,在
空间连续传递的机制之上。

正是对于局域性解释的追寻使科学取得了巨大成功。实
际上,科学的本质便是不断地寻找对事实的好的解释。当一
个解释符合三个准则时,我们称之为好的解释。最为人所知
的准则是:精确。解释以数学方程的形式呈现,据此我们可
以作出可供观测或实验检验的预言。不过,我个人认为这个
准则尽管直透本质,却并非是最重要的。第二个准则是:好
的理论是在讲述一个故事——好的理论把看起来纷杂的现象

梳理清晰,并以合理的故事形式进行叙述。所有科学课程都始于故事的讲述。要不然,如何介绍像能量、分子、地质分层或者关联这样的新概念呢? 直到量子物理的降临,所有的故事都是在空间和时间中连续地发生的,即所有的故事都是局域性故事。最后,第三个准则是:一个好的解释是不能被轻易修正的。只有这样,解释才可能通过观测或实验去检测——因为只有这样,当实验数据与理论相违背时,理论不能通过简单地调整以符合新的实验现象。以波普尔(Karl Popper)的话说,科学是能被证伪的。

让我们回到艾丽斯和鲍勃的故事,以及他们晚饭菜单所呈现的完美关联。两人间遥远的距离剔除了第一种解释(两人间有直接的相互影响)的可能性。我们怎样才能对"共同局域原因"的解释进行检验? 在我们已介绍的例子中,艾丽斯没有选择的余地。在她所居住的地方只有一家食品店,而且这家食品店每晚只提供一种菜单。这样的情况(无任何选择可言)实在太简单了,难于对其进行有效检测,我们必须把我们的案例设计得更复杂一点。

现在想象如下情况:艾丽斯家附近有两个食品店,当她出门时,一个位于她家左边,另一个在右边。同样的,鲍勃家附近也有两个,一个在左,一个在右。这样,每晚艾丽斯和鲍勃就能自由选择去左边还是右边的食品店。艾丽斯和鲍勃还是住在两个相隔遥远的星系,因此他们不可能影响彼此。每一次当他们凑巧都选择去左边的食品店时,他们都点了同样的菜单。唯一的局域性解释是:这个关联源于艾丽斯左边和鲍勃左边的两个食品店每个晚上都共用一份早已经确定好了

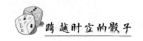

的菜单。左边食品店的情况和我们以前的例子一样。但是艾丽斯和鲍勃附近有不止一个食品店的事实使我们能预想到多种关联。比如，艾丽斯选择了左边的食品店时，而鲍勃恰好选择了右边那家，我们可以想象如下情况：他们依然选择了完全一样的菜单。当艾丽斯进入右边的食品店而鲍勃选了左边的食品店时，情况也是一样。从中我们能总结出的唯一局域性解释是：这三种关联（"左—左"，"左—右"，"右—左"时的完全关联）的出现是因为在相同的晚上，这四家食品店都使用同样的菜单。但是让我们再多思考一步。假如艾丽斯和鲍勃都选择了位于他们右边的食品店时，我们发现他们竟然从未选择过相同的菜单！这怎么可能？嗯，这不可能发生，不是么？

现在，我们已经离贝尔游戏的精神很近了。先不要理会食品店的问题了。我们将采取科学的方法，并且对情况尽可能简化。我们不再谈"晚饭菜单"，而是说实验"结果"。为了理解"贝尔游戏"，可以产生两种可能结果的例子已经足够了，因此我们不会涉及更多。

贝 尔 游 戏

贝尔游戏的设计者向玩家提供了两个外观一样的盒子（图2.1）。每一个盒子都有一个操纵杆和一个屏幕。起初，操纵杆是垂直的。它可以向左或向右被拉动。操纵杆被拉动一秒钟后，结果将出现在屏幕上。结果是二元的，也就是说只有两种可能结果：0或者1。信息学专家称其为信息比特。每一个盒子的结果看起来都是随机的。

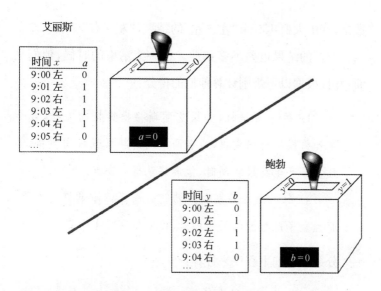

艾丽斯

时间 x		a
9:00	左	0
9:01	左	1
9:02	右	1
9:03	左	1
9:04	右	1
9:05	右	0
...		

$a = 0$

鲍勃

时间 y		b
9:00	左	0
9:01	左	1
9:02	左	1
9:03	右	1
9:04	右	0
...		

$b = 0$

图 2.1　艾丽斯和鲍勃进行贝尔游戏。他们各分到一个带操纵杆的盒子。每一分钟,他们选择将操纵杆向左边推或者向右边推,每一次盒子都会产生一个结果。艾丽斯和鲍勃认真记录下时刻、自己的推杆方向选择和盒子产生的结果。这一天结束时,他们比较结果并决定是赢得了贝尔游戏还是输了游戏。他们的目的是理解贝尔游戏中盒子如何运作,就像孩子们拆散玩具试图了解玩具的原理一样。

游戏时,艾丽斯和鲍勃各有一个盒子,校准他们的手表,然后相互远离对方。早上九点整准时开始,以后每隔一分钟,他们每人都向左或者向右推动一次操纵杆,并认真记录下显示屏上出现的结果,以及与之相伴的时刻和推杆方向。确保他们每次的推杆方向选择完全自由,相互毫无影响至关重要。因此,我们特别规定,他们不能每次都向同一个方向推操纵杆,也不能就如何选择推杆方向进行任何事先约定。务必保证艾丽斯不能知晓鲍勃的选择,鲍勃也不可知晓艾丽斯的选择。记得这一点:艾丽斯和鲍勃都不会尝试作弊,因为他们真正的目的是了解贝尔游戏中所使用的盒子是如何运作的。

就这样,游戏持续进行至晚上七点——共记录了 600 个

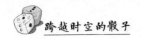

数据,其中大概 150 个"左—左"的结果,"左—右"、"右—左"、"右—右"的结果也差不多如此。在一天结束的时候,他们见面,并且根据以下规则计算他们的得分:

1. 每一次推杆,如果艾丽斯将操纵杆向左推,或者鲍勃将操纵杆向左推,或者两人同时将操纵杆向左推,而且盒子产生结果相同时,他们将获得 1 个点。

2. 每一次艾丽斯和鲍勃同时选择将操纵杆向右推,而且盒子产生的结果不同时,他们将获得 1 个点。

分数按照如下程序来计算:

● 共有 4 种选择组合:左—左,左—右,右—左,右—右。对于每一种选择组合,他们首先计算成功率,即这种选择组合所取得的总点数除以这种选择组合所出现的总次数。接着,他们把 4 种选择组合的成功率相加,所得结果便是他们的最终分数。很容易想到,他们的得分最高可以达到 4,因为共有 4 种选择组合而每种选择组合的成功率最高是 1。当得分为 S 时,我们说艾丽斯和鲍勃 4 次中赢了贝尔游戏 S 次或说他们赢了 S/4 次贝尔游戏。注意:他们的得分是个平均数,可以是 0 和 4 之间的任何数值。例如,得分为 3.41,意味着平均而言艾丽斯和鲍勃每 4 次中赢了 3.41 次贝尔游戏,或者说每 400 次中平均赢得了 341 次贝尔游戏。

● 下面我们将会看到,很容易设计出让艾丽斯和鲍勃得分为 3 的盒子。因此,有时当我们说他们赢得了贝尔游戏时,实际上我们所表达的是:艾丽斯和鲍勃每 4 次中赢得了 3 次以上贝尔游戏。

要对"古怪的"贝尔游戏有所熟悉,我们先想一想如下情况:艾丽斯和鲍勃实际上并不去记录盒子屏幕上所出现的结果,相反地,他们随意地写下脑袋里浮现出的数字。简而言之,他们的结果是完全随机的,彼此相互独立[①]。在这种情况下,任何一种选择组合的成功率都将是 1/2——确实如此,无论对于哪种选择组合,一半的时间里,艾丽斯和鲍勃记录的结果相同,另一半的时间里,他们记录的结果相反。这意味着他们在这种贝尔游戏里的得分是 $4 \times 1/2 = 2$。所以,为了得分超过 2,艾丽斯和鲍勃的盒子不能是相互独立的,为了生成有相关性的结果,两个盒子必须存在某种联系。

更进一步,我们再考虑另一个例子:无论向何方向推动操纵杆,两个盒子总是产生相同的结果——"0"。在这个例子中,艾丽斯和鲍勃的推杆方向选择对盒子屏幕所显示的结果没有任何影响。很容易地,我们便能想到:对于"左—左"、"左—右"和"右—左"这三种选择组合,成功率为 1;而对于"右—右"这一选择组合,成功率则是 0。因此,他们的最终得分是: $S = 3$。

在开始分析盒子是如何运行之前,让我们先了解一点点抽象概念。这将有助于我们洞察到非局域性这一概念的核心。

[①]　当游戏双方中的一人严格地按照游戏规则而忠实地记录盒子屏幕上显现的结果,而另一人完全不理会规则而随心所欲地写数字时,对于各种选择组合,成功率同样全部是 1/2。他们的最终得分将是 2。

非局域计算：$a + b = x \times y$

科学家喜欢用数字来对事物进行标记，就像上述贝尔游戏中，我们用"0"和"1"来表示盒子屏幕所显示的两种结果一样。这有助于人们避免被繁杂的叙述困扰，而能直接关注事物的核心。数字还能让人们对其进行加法和乘法等运算。下面我们将会发现：通过数字化表述，我们能用一个十分简单的公式来概述非局域性的实质。

我们首先来看看艾丽斯的情况。我们把她的推杆选择用 x 表示，盒子屏幕结果则用 a 表示。这样，$x = 0$ 表示艾丽斯选择把操纵杆向左推，$x = 1$ 则表示把操纵杆向右推。同样，我们用 y 表示鲍勃的推杆选择，用 b 表示相应的盒子屏幕结果。用这种方法，根据贝尔游戏的规则，上述案例中艾丽斯和鲍勃获得 1 点的所有情况可以由下方的简单表格来表述。

	$x = 0$	$x = 1$
$y = 0$	$a = b$	$a = b$
$y = 1$	$a = b$	$a \neq b$

轻松一些，让我们做一点简单的算数。我们将看到，通过一个简单的等式便可以概括整个贝尔游戏——游戏中艾丽斯和鲍勃每个人都在各自的盒子前，两人相距遥远以免相互影响，两人都自由做出推杆选择并记录盒子显示的结果。这个精炼的等式是：

$$a + b = x \times y。$$

实际上，$x \times y$ 的结果总是 0，除非 $x = y = 1$。于是，公式告诉了我们：$a+b=0$，除非 $x=y=1$。

我们首先考虑 $x=y=1$ 的情况。在这个情况下，$a+b=1$。由于 a 和 b 只能取 0 或 1，公式 $a+b=1$ 意味着：$a=0,b=1$ 或者 $a=1,b=0$。因此，如果 $a+b=1$，我们便知道：$a\neq b$。根据贝尔游戏的规则，艾丽斯和鲍勃将获得 1 点。

现在我们来考虑另外三种情况：$(x,y)=(0,0)$ 或 $(0,1)$ 或 $(1,0)$。对于这 3 种情况，我们总是有：$x\cdot y=0$，公式因此能简化为：$a+b=0$。第一种可能的解是：$a=b=0$。第二种可能的解是：$a=b=1$。但是 $1+1$ 不是等于 2 吗？不，当我们用二进制进行计算时，结果也应该是 0 或 1。这里，$2=0$（数学上称为对 2 取模或取余）。因此，公式 $a+b=0$ 等价于 $a=b$。

总之，简单的公式 $a+b=x\times y$ 完美地解释了贝尔游戏。每当它成立时，艾丽斯和鲍勃收获 1 点。你们现在看到，量子革命竟可以通过简单的数学来展示[1]。

这个公式表达了非局域性现象。为了稳定地赢得贝尔实验，盒子必须计算出 $x\times y$ 的结果。然而，既然推杆选择 x 只对艾丽斯的盒子起作用，推杆选择 y 只对鲍勃的盒子起作用，那么这个计算便不可能被局域地完成。最多只能这样：我们赌 $x\times y=0$，这样我们就能赢得 3/4 次贝尔游戏，获得 3 分。但是任何大于 3 的分数都需要对 $x\times y$ 执行非局域计算，因为 $x\times y$ 的两个因子 x 和 y 分别存在于相距非常遥远的两个地方。

---

[1]　作为一个任性的好学生，多少次我向量子物理老师追问量子物理的解释，得到的回复却只有"你现在无法理解量子物理，因为这需要相当复杂的数学"。

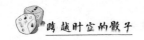

贝尔游戏的局域性策略

艾丽斯和鲍勃各自站在他们的盒子前,每一分钟自由而独立地做出推杆选择,并细致地记录下他们的选择和观察到的屏幕结果。为了使艾丽斯和鲍勃获得高分,盒子应该如何运行呢?

我们首先设想他们之间距离遥远,不可能对彼此产生影响。为此,需要将艾丽斯和鲍勃远远地分隔开,使他们之间的任何通信都不可能。比如,我们让他们相隔即使光也要花费1秒时间才能达到的距离——这超过了30万公里,大概是地球和月亮之间的距离。在这种极端情况下,艾丽斯以及她的盒子不可能和鲍勃以及他的盒子就如何做出选择进行交流。任何一种通信或者影响都是不可能的,因此我们需要另外的解释。

我们先分析这样的情况——碰巧,两个操纵杆都被向左推动。在这种情况下,艾丽斯和鲍勃的结果只有相同时,他们才能得到1点。这和食品店的顾客发现当他们都选择了左边的食品店时总是有相同的菜单的情况是一样的。我们已经知道,如果排除了所有的直接相互影响,为了解释这种情况便只有一种可能了:两个食品店不给顾客任何选择的余地,而强制地把相同的菜单给顾客消费。在贝尔游戏的例子中,这意味着如果操纵杆都被推向左边,盒子将生成一样的结果。每一分钟,这个结果都是确定好的,但是对于不同的时刻,结果可能改变,就像唯一的一份"可供选择"的菜单每晚都会改变一样。在这里,我们为两个操纵杆都被推向左边这种情况下最大关联的出现寻找到一种解释。这是第二种解释方式,即基于共同局域原因的解释。实际上,对于每一分钟,已经确定好了的盒子屏幕显示结果必须事先被记录在每个盒子里——相同的信息分别被记录在每个盒子里这一事实是局域性的。

我们更进一步地分析这个案例。一开始就被记录在两个盒子中的结果信息可能是通过一连串地抛掷硬币而得到的。在艾丽斯看来,所有出现的结果都是完全随机的。对鲍勃来说也是如此。然而,当他们见面并发现他们观察到的结果总是相同时,他们不再相信那些结果是由于随机而产生的了……除非这是一个**非局域性随机**?我们过会儿再来探讨它。

百宝箱 2

随　机

随机产生的结果是无法预见的。但是对谁来说是不可预见的呢?很多事件不能预见,是因为产生结果的过程太复杂了,人们很难理解它;或是因为我们没有关注到所有可能对结果产生影响的细节。相反,由真随机所导致的结果之所以不可预见是因为其内在本质便是不可预测的。这样的结果不可以由这个或那个因果链决定,不论这些因果链如何复杂。一个真随机的结果不可预见是因为,在结果出现前它是根本不存在的,它是无须提前出现的,结果的实现实质上是一个完全的创造过程。

为了说明这个想法,设想下艾丽斯和鲍勃在街角偶然相遇的生活场景。他们的偶然相遇可能是因为,比如,艾丽斯将要到这条街很远处的一个餐馆去,而鲍勃正在去拜访居住于隔壁街道的朋友的路上。从他们决定好"现在步行出门,走最近的道(艾丽斯去餐馆,而鲍勃去拜访朋友)"之时起,他们的相遇就是可预见的了。这个例子是两条因果链所主宰的:艾丽斯和鲍勃的路径选择。当两条路径相交时,他们的"偶遇"发生了——从两人中任意一人的视角来看,这场相遇都是完全随机的。但是对于有全局视角的某个人来说,这次相遇完全是可以预见的。

可见,这个例子中明显的随机特征的呈现是由于无知:鲍勃不知道艾丽斯将要去哪里,艾丽斯也不清楚鲍勃的行踪。但是在艾丽斯决定去餐馆之前,情况又如何呢?如果我们承认人有自由意志,那么在她做出决定之前,这个相遇确实是不可预见的。真随机便是如此。

真随机事件不存在经典物理意义上的原因。由真随机所产生的结果是不能提前被决定的,无论如何都不能。不过,我们需要对这个断言加些"限制",这是因为真随机事件也可以有"某种原因"——但是这种原因并不能决定具体的发生结果,它只决定一系列可能出现的不同结果所发生的概率。真正被事先决定的只是某特定结果更倾向于发生。

根据共同局域原因的解释体系,每一分钟,每个盒子都产生一个预先已经确定好了的结果。对于这种解释,结果是提前确定好并被记录在每个盒子里的。我们可以认为每个盒子有以下几部分组成：一个具有巨大内存的微型电脑，一个精确校对好的时钟，还有一个程序用以在每一分钟依次读取内存里所储存的结果数据。

依据内置在盒子里的程序形式，输出结果可能与操纵杆的位置无关，也可能由操纵杆的位置所决定。但是在艾丽斯和鲍勃的盒子中运作的是怎样的程序呢？有无限多种，或至少非常多种可能的程序吗？实际上并非如此！因为在我们的科学探索中，我们已经对问题进行了合理的简化：我们设定推杆方向只有 2 种选择，同样盒子产生的结果也只有 2 种可能，这限制了盒子中程序的可能性——对于每个盒子，只有 4 种可能的程序。事实就是如此，内置程序所做的只是：对于 2 种推杆选择中的每 1 个，程序从 2 种可能的输出结果中选择出 1 个。就艾丽斯的盒子来说，这 4 个可能的程序如下：

1. 结果总是 $a = 0$，不管 x 是什么。

2. 结果总是 $a = 1$，不管 x 是什么。

3. 结果和选择总是一样的，也就是说，$a = x$。

4. 结果总是和选择不同，即 $a = 1 - x$。

同样的，鲍勃的盒子也有 4 种可能程序（只需把 a 替换为 b，把 x 替换为 y）。因此，对于两个盒子，总共有 $4 \times 4 = 16$ 种可能的程序组合。当然，每一分钟程序可能都会变化，艾丽斯和鲍勃的盒子都是如此；但是任一分钟里，艾丽斯盒子的 4 种程序中的 1 种决定结果 a，鲍勃盒子的 4 种程序中的 1 种决定结果 b。

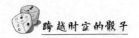

表 2.1　16 种可能的程序组合的得分情况

艾丽斯的程序	鲍勃的程序	$(x, y) =$ $(0, 0)$ 选择下的输出结果	$(x, y) =$ $(0, 1)$ 选择下的输出结果	$(x, y) =$ $(1, 0)$ 选择下的输出结果	$(x, y) =$ $(1, 1)$ 选择下的输出结果	分数
1	1	$a = 0,$ $b = 0$	$a = 0,$ $b = 0$	$a = 0,$ $b = 0$	$a = 0,$ $b = 0$	3
1	2	$a = 0,$ $b = 1$	$a = 0,$ $b = 1$	$a = 0,$ $b = 1$	$a = 0,$ $b = 1$	1
1	3	$a = 0,$ $b = 0$	$a = 0,$ $b = 1$	$a = 0,$ $b = 0$	$a = 0,$ $b = 1$	3
1	4	$a = 0,$ $b = 1$	$a = 0,$ $b = 0$	$a = 0,$ $b = 1$	$a = 0,$ $b = 0$	1
2	1	$a = 1,$ $b = 0$	$a = 1,$ $b = 0$	$a = 1,$ $b = 0$	$a = 1,$ $b = 0$	1
2	2	$a = 1,$ $b = 1$	$a = 1,$ $b = 1$	$a = 1,$ $b = 1$	$a = 1,$ $b = 1$	3
2	3	$a = 1,$ $b = 0$	$a = 1,$ $b = 1$	$a = 1,$ $b = 0$	$a = 1,$ $b = 1$	1
2	4	$a = 1,$ $b = 1$	$a = 1,$ $b = 0$	$a = 1,$ $b = 1$	$a = 1,$ $b = 0$	3
3	1	$a = 0,$ $b = 0$	$a = 0,$ $b = 0$	$a = 1,$ $b = 0$	$a = 1,$ $b = 0$	3
3	2	$a = 0,$ $b = 1$	$a = 0,$ $b = 1$	$a = 1,$ $b = 1$	$a = 1,$ $b = 1$	1
3	3	$a = 0,$ $b = 0$	$a = 0,$ $b = 1$	$a = 1,$ $b = 0$	$a = 1,$ $b = 1$	1
3	4	$a = 0,$ $b = 1$	$a = 0,$ $b = 0$	$a = 1,$ $b = 1$	$a = 1,$ $b = 0$	3
4	1	$a = 1,$ $b = 0$	$a = 1,$ $b = 0$	$a = 0,$ $b = 0$	$a = 0,$ $b = 0$	1
4	2	$a = 1,$ $b = 1$	$a = 1,$ $b = 1$	$a = 0,$ $b = 1$	$a = 0,$ $b = 1$	3
4	3	$a = 1,$ $b = 0$	$a = 1,$ $b = 1$	$a = 0,$ $b = 0$	$a = 0,$ $b = 1$	3
4	4	$a = 1,$ $b = 1$	$a = 1,$ $b = 0$	$a = 0,$ $b = 1$	$a = 0,$ $b = 0$	1

我们研究下这 16 种可能的程序组合,并计算对于每种程序组合艾丽斯和鲍勃所能取得的分数。谨记:我们的目标是找到能被局域性解释说明的最高可能得分。我们能看出用局域性策略无法设计出使艾丽斯和鲍勃获得 3 分以上的盒子。现在,你可以决定相信这句话(那么请直接跳到第 29 页"赢得贝尔游戏:非局域关联"),或花些时间仔细思考下一段的分析,以确认你理解了这一结论(我强烈建议你这么做)。

艾丽斯的盒子运行程序 1,鲍勃的盒子也运行程序 1,让我们以这样的程序组合开始吧! 在这种情况中,两人的盒子输出结果总是 0,即 $a = b = 0$。艾丽斯和鲍勃将赢得 3/4 次游戏。实际上,只有在他们都选 1 的时候($x = y = 1$),他们才会输。

下面我们研究一下第二种程序组合:艾丽斯的盒子运行程序 1(此时 $a = 0$),而鲍勃的盒子运行程序 3(此时 $b = y$)。我们依次考虑他们的 4 种可能的选择组合。对 $x = 0$ 和 $y = 0$ 来说,盒子输出结果是 $(0,0)$。因此艾丽斯和鲍勃获胜了,他们赢得了 1 点! 对于 $x = 0$ 和 $y = 1$,盒子输出结果是 $(0,1)$。他们输了,无法得到点数。对于 $x = 1$ 和 $y = 0$,盒子输出结果是 $(0,0)$。他们获胜了,赢得了 1 点! 对于 $x = 1$ 和 $y = 1$,盒子输出结果是 $(0,1)$。他们又一次获胜了! 重申一下:$x = y = 1$ 时,结果不同意味着胜利。总结如下:和第一种情况一样,艾丽斯和鲍勃最终获得 3 分。

现在你能自己完成剩余的探索了,对余下的 14 种程序组合逐一进行分析。或者,直接参考表 2.1 吧。

对以上所有情况总结如下:无论怎样采用局域性策略来制造盒子,即无论采用哪种程序组合,艾丽斯和鲍勃也永远不

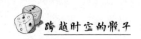

能在贝尔游戏中获得3分以上。

物理学家们喜欢以不等式的形式来表述这个结论。这就是**贝尔不等式**[①]。因为这个不等式是本书的核心,我将把它完整写出。即便你还无法完全理解其意义,你也能感受到它的美,就像我们某些人能欣赏到乐谱的美一样:

$$P(a=b \mid 0,0) + P(a=b \mid 1,0) +$$
$$P(a=b \mid 0,1) + P(a \neq b \mid 1,1) \leqslant 3。$$

这里,$P(a=b \mid x,y)$ 的意思是,在 x 和 y 同时确定为某种取值时,$a=b$ 发生的概率。例如,$P(a \neq b \mid 1,1)$ 的含义是,$x=y=1$ 时,$a \neq b$ 发生的概率。贝尔不等式囊括了我们所有的发现,即:贝尔游戏中4种选择组合下的得分概率之和,也就是分数,最大是3。

因此,对于局域关联来说,贝尔不等式总是成立。

百宝箱 3

贝尔不等式

一般意义上,概率 $P(a, b \mid x, y)$ 可能源于不同的可能情况的统计学叠加。比如,第一种可能情况(传统上,我们记为 λ_1)发生的概率为 $\rho(\lambda_1)$,第二种可能情况(我们

---

① 更准确地讲,这是贝尔不等式家族中的最简单的一种形式,这一形式与 CHSH 不等式等价。CHSH 不等式得名于它的提出者 J. F. Clause, M. A. Horne, A. Shimony 以及 R. A. Holt。原始文献为 Clauser J F, Horne M A, Shimony A, et al. Proposed experiment to test local hidden-variable theories[J]. Physical review letters, 1969, 23(15): 880. 其他形式的贝尔不等式涉及:每个游戏者拥有更多的可能选择,"游戏盒子"会输出更多的可能结果,允许更多的游戏者参与游戏。

记为 λ_2)发生的概率为 $\rho(\lambda_2)$,以此类推。在我们对真实情况缺乏精确了解时,这些概率 $\rho(\lambda)$ 也可以被用来分析情况。实际上,我们也不需要知道每种情况发生的概率,只要知道不同情况发生的概率不同就可以了。

这些情况 λ 的组成元素中可以包含有量子态(通常被记为 ψ)。实际上,这些 λ 可以包括艾丽斯和鲍勃的所有过去,甚至整个宇宙的物理状态,但有一个限制必须遵守——x 和 y 的选择与 λ 无关。另一方面,λ 可以被各种条件更多地限定,就像贝尔游戏中艾丽斯和鲍勃的推杆选择一样。由于历史的原因,这些 λ 被称为"局域性隐变量",但是更好的方式是称 λ 为系统(比如艾丽斯和鲍勃的盒子)的物理状态——这一物理状态可能由任何目前的或未来的理论所描述。因此,关于与实验结果相一致的未来理论的可能结构形式,我们从贝尔不等式可以窥见某些信息。简而言之,关于 λ 的唯一假定是:它不含有任何关于 x 和 y 选择的信息。

对于每一种情况 λ,条件概率总是能写成如下形式:

$$P(a, b \mid x, y, \lambda) = P(a \mid x, y, \lambda) \cdot P(b \mid x, y, a, \lambda).$$

局域性假设要求:对于所有 λ,艾丽斯那里发生的事情不受鲍勃那里发生的事情的影响,用公式表达为 $P(a \mid x, y, \lambda) = P(a \mid x, \lambda)$;反之,鲍勃那里发生的事情也不受艾丽斯那里发生的事情的影响,即 $P(b \mid x, y, a, \lambda) = P(b \mid y, \lambda)$。

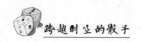

总之,通过对所用情况 λ 进行统计相加,隐藏在所有形式的贝尔不等式背后的假定将呈现:

$$P(a, b \mid x, y) = \sum_{\lambda} \rho(\lambda) P(a \mid x, \lambda) \cdot P(b \mid y, \lambda)。$$

到现在为止,我们一直假定艾丽斯和鲍勃的盒子各含有 1 个程序,这个程序根据 x 和 y 的选择来决定盒子应该生成何种结果。(信息学家称 x 和 y 为程序的输入数据。)但是,如果这些程序并非完全决定结果,而是具有一些随机性,将会发生什么呢?比如,我们可以想象,艾丽斯的盒子时而执行程序 1,时而执行程序 3,程序的选择是随机的。再或者,盒子每次产生一个随机结果。这会有助于他们赢得贝尔游戏么?首先注意,产生随机结果的情况和随机执行程序 1(此时 $a = 0$)或程序 2(此时 $a = 1$)是一样的。

事实证明,这些都无助于他们赢得贝尔游戏。贝尔游戏涉及大量的重复性实验,并对输出结果进行统计平均处理。在艾丽斯和鲍勃盒子的程序中加入随机战略对赢得贝尔游戏无济于事。事实恰恰相反!正如我们所看到的,如果艾丽斯和鲍勃的盒子都随机产生结果,他们将只能获得 2 分。

总而言之,没有任何局域性策略可以使玩家赢得 3/4 次以上贝尔游戏。物理学家们于是认识到:没有局域性策略能违背贝尔不等式。让我们转变一下想法——如果艾丽斯和鲍勃成功地赢得 3/4 次以上贝尔游戏,那么将没有任何局域性解释可以用来阐明这一现象。正如我们所知,只有两种局域性解释,一种基于影响在空间中以点对点的方式连续传播,另一种建立在共同局域原因之上,其实质依然是从一个遥远的过去开始,影响在时空中以点对点的方式连续传播。由于艾丽斯和鲍勃被遥远的距离所分割,第一种解释被排除了;正如我们已经详细分析过的,第二种解释同样永远不能使他们赢得 3/4 次以上贝尔游戏。

赢得贝尔实验:非局域关联

现在想象一下,艾丽斯和鲍勃玩了很久贝尔游戏,而且平均得分高于 3。这正是量子物理中的纠缠现象(quantum entanglement)会导致的结果。但是现在我们先把这个神奇的物理概念放在一边,只是单纯地考虑"艾丽斯和鲍勃更经常赢得贝尔游戏"这一猜想。现在,我们已经排除了他们互相影响或他们的盒子相互通信的可能性——即便他们的盒子以某种如今未知的方式(比如某种波)进行交流的可能性也不存在(我们过会再来说这个重要的猜想)。我们已经知道,如果盒子局域地依赖时间以及操纵杆位置(从而依赖于玩家的选择)而生成结果,那么玩家就不可能常常在每 4 次游戏中赢得 3 次以上。换句话说,如果仅采用局域性策略——即空间中点对点的连续传播机制,赢得 3/4 次以上贝尔游戏是不可能的。

这便是使玩家赢得 3/4 次以上贝尔游戏的关联被称为非局域关联的原因。然而,艾丽斯和鲍勃如何利用他们的盒子做到这一点呢?

如果 1925 年之前有人向一个前量子时代的物理学家问

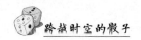

这个问题,答案会非常简单。他们会说:这根本不可能!为了在贝尔游戏中获得3分以上,艾丽斯和鲍勃,至少他们的盒子,一定通过某种手段在作弊——或者彼此交流,或者无意地影响了对方,就像某个打哈欠的人会让其他人跟着打哈欠一样。但如果不存在相互影响的可能性呢?我们的前量子时代科学家们一定会说,"赢得3分以上?这绝无可能!"

你是怎么认为的呢?你知道如何在贝尔游戏中获得3分以上么?你相信这是可以实现的吗?让你绞尽脑汁,我很抱歉,但是这确实是非局域性这一思想的核心所在。

当一个中世纪的人被告知地球是一个圆球,很多人住在地球另一面时,他感到巨大的困惑,无法理解。我们现在正与他们处于相同的境地。地球另一面的人为什么不会掉下去呢?今日,每一个人都知道任何物体,包括人类都不会"从上方掉往下方",而是掉向地球中心。地球上的人们被吸附在地面上,就像冰箱门中磁铁牢牢吸住铁片一样,所以不管澳大利亚人还是欧洲人都不会掉下去。

但是贝尔游戏呢?我们又能通过什么故事来清晰地阐明它呢?很不幸的是,对于量子纠缠如何使得艾丽斯和鲍勃赢得3分以上,我无法给你一个直觉上的解释;但我想邀请你继续向前,去探索原子和光子的世界,继续在这个独特的游戏中嬉戏,并尝试着去想象一些既有趣又有用的结论。让我们看看,这将给我们的世界观带来什么新启示。让我们像孩童们拆解玩具以了解其内部功能一样去拆解这些关联吧。

百宝箱 4

约翰·贝尔：我是一个量子工程师，但是在周日我关注原理①。

我是多么幸运啊，曾经可以常常见到约翰·贝尔。下面是我们最早的那些会面中的故事。

"我是一个量子工程师，但是在周日我关心原理。"这是约翰·贝尔在 1983 年 3 月举行的一个意义非凡的会议上所说的话。这些话语，我永远都不会忘记！约翰·贝尔，赫赫有名的约翰·贝尔，介绍自己是一个工程师，众多仪器设备的具体作业者之一。那时的我正骄傲于自己刚刚取得的理论物理博士学位，在我心中，约翰·贝尔是理论物理学家中的巨人。

1983 年，沃州物理研究协会②组织了一年一度的训练周（training week），教师和物理学家齐聚一堂。这个聚会在蒙大拿③持续一周，一半时间在滑雪，另一半时间由著名的物理学家讲授课程。那一年的主题是：量子物理学的基础。对我来说，这是与阿兰·阿斯佩克特（Alain Aspect）认识的机会，他是第一个赢得贝尔游戏的人④。

---

① 原文"… I Have Principles"是双关语，可以译为"我有原则"或"我关注原理"。——译者注
② 沃州，瑞士州名。——译者注
③ 蒙大拿，瑞士瓦莱州城市，非美国州名。——译者注
④ 美国物理学家克劳泽（John Clauser）在阿斯佩克特之前几年实现了相似的成就，但他们的实验中并没有排除盒子间相互交换信息的可能性。而且，实验中他们仅能直接得到一个结果的信息，例如 0；另一个结果 1 只能通过间接测量才能得到。

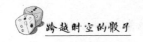

我们一起滑雪,度过了一个个美妙的下午。

约翰·贝尔受邀参加这次训练周,对于这样一个主题,如果贝尔不被邀请实在不可思议。然而,约翰·贝尔并未出现在课程项目名单上,他将不会讲授一节课,这太让人无法理解了。我和另一个博士朋友一起询问贝尔能否给我们带来一次临时演讲。开始他拒绝了,推脱说他没有把演讲需要的幻灯片带来。然而,私下的演讲还是在一个晚上开始了。晚餐后,一个地下室被仓促改造成教室,学生们席地而坐。这位关注原理的工程师向我们讲解了如何通过实用的方法利用物理学知识来发展实际应用,完成困难而有趣的实验,从实际问题中提炼经验规律,但我们决不应该忘记科学至高无上的目标——以和谐、统一的方式来解释自然。约翰·贝尔的话语永远萦绕于我脑海之中。

赢得贝尔游戏并不意味着
可以据此实现通信

假设艾丽斯和鲍勃赢得 3/4 次以上贝尔游戏,甚至赢得了贝尔游戏(得到 4 分),这是否意味着他们可以据此实现通信呢?注意:由于他们之间可以隔着任意遥远的距离,通信的实现意味着信息能够以任意快的速度传播。

试想,艾丽斯如何才能向鲍勃传递一些信息?唯一可行的方法就是通过操纵杆的位置。比如,"左"用来表示"是","右"用来表示"否"。但是在鲍勃看来,他的盒子只是随机地输出结果。不管他的操纵杆往哪里摆,两种可能性 $b = 0$ 和 $b = 1$ 以同样的概率发生;不管艾丽斯的操纵杆位置如何,结论也同样成立的。因此,利用贝尔游戏中所呈现的关联来实现信息由艾丽斯向鲍勃的传递是不可能的。同样也不可能据此实现信息由鲍勃向艾丽斯的传递。只有通过比较两个盒子的输出结果,关联才能被注意到。不妨回忆下第 1 章中那特殊的"电话"情形。

因此,艾丽斯和鲍勃不可能利用这两个盒子来实现交流①。只有在艾丽斯和鲍勃能比较他们的结果时,即当他们停止游戏并在一天结束后见面时,他们才能知道他们是否已经赢得了贝尔游戏。因此,两人之间不存在任何联系能使他们可以借此联系实现通信。只通过贝尔游戏而实现通信意味着不通过物理实体而实现了信息从发起方到接收方的传播。这种没有传输发生的通信方式是不存在的,见百宝箱 5。

百宝箱 5

不通过传输而实现通信是不可能的

如果一个人(比如艾丽斯)打算向另一人(比如鲍勃)传递一些信息,她首先需要把待传递的信息转录在某种物理载体上。物理载体(可以是字母,电子或光子)携带着信息从一点传递到另一点。鲍勃收到这个物理载体,

---

① 正式地,关联性 $P(a, b | x, y)$ 无法被用来实现通信,如果边缘分布不依赖于其他部分的输出,即如果 $\sum_b P(a, b | x, y) = P(a | x)$ 以及 $\sum_a P(a, b | x, y) = P(b | y)$。

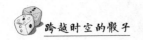

并读取(或说解码)物理载体所携带的信息。以这样的方式,信息在空间中从一点到下一点连续地由艾丽斯传输给鲍勃。任何其他传递信息的设想都是非物理的。

比如,艾丽斯打算传输某些信息,她把信息转录在物理载体上,但是如果没有任何东西离开她,即没有任何物理实体离开她所在的空间区域,那么她将不可能传递出信息。否则,就像牛顿已经察觉到的那样(见百宝箱1),不通过传输便能实现通信。然而,如果没有物理载体(例如物质、波、能量)离开艾丽斯,她将不可能把她选定的信息传递出去。

这是基本的常识。如果违反这个原则,比如通过心灵感应,通信便能以任意速度进行。实际上,既然不需要任何东西用以携带信息,艾丽斯和鲍勃之间的距离便无关紧要了;通过任意扩大这个距离,我们便实现了任意速度的通信,比如超过光速。但是,基于两个物理现实,这在现实中是不可能的:一是不通过物理实体而实现通信是不可能的;二是相对论原理禁止物理实体以超光速传播。

但是,会不会存在某种联结,或者说某种"看不见的线",连接了两个盒子,这种联结不能实现通信,但却能让两个盒子赢得贝尔游戏?如果有这个联结,我们就能理解贝尔游戏中盒子内部的"秘密"了。也许这会令你感到沮丧,这只是魔术师的小把戏而已,无法借此真正实现什么。

但是对于物理学家来说,这意味着一个重要发现的开端。是什么构成了这个联结? 它是如何运作的? 它能以多快的速度传递两个盒子间的隐藏的相互影响(由于结果呈现出的相关性,我们猜测两个盒子间存在我们还未意识到的某种相互影响)? 但是现在,我们只要明了:没有任何我们可以"感知"到的联结;两个盒子相距遥远,即便以光速运动,也没任何影响可以瞬时传递到目的地。此外,艾丽斯和鲍勃不需要知道他们的搭档在哪里。

打 开 盒 子

1964 年,约翰·贝尔第一次以不等式的形式展示了贝尔游戏,那时这还只是一个"思想实验"。然而从那以后,在很多实验室中这个游戏成为现实。现在让我们打开这些神秘的盒子,看看它们究竟是如何让我们赢得贝尔游戏的。

当我们向盒子里面看时,我们发现一整套物理仪器:激光(红色的、绿色的,还有一些能产生美丽的黄光),一个低温箱(可以把物质冷却到接近绝对零度,大概零下 270℃左右),一些光纤干涉仪(一种供光子运行的光学回路),两个光子探测器(可以用以探测光粒子),还有一个时钟(图 2.2)。然而,所有这些都对我们没什么帮助。

更仔细地研究这套设备,我们发现在低温器的中心、所有激光的交叉点上,有一块长约几毫米的小晶体,看起来像一小块玻璃。这个微小的晶体看似是整个装置的核心所在。确实,当操纵杆向左或向右推时,它将引发一系列激光照射在晶

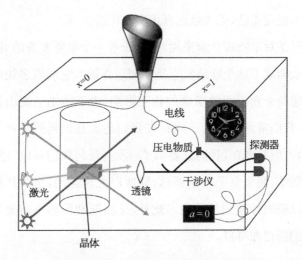

图 2.2 在贝尔游戏的盒子内部,艾丽斯和鲍勃发现了一整套复杂的物理仪器。但是仅仅局域地观察两个盒子里面的东西,艾丽斯和鲍勃并不能明白贝尔游戏是怎么运作的,因为这个游戏可以产生只有非局域解释才能阐明的关联。

体上,并且激发了与晶体相连的干涉仪上的压电物质[①]。这些压电物质将在操纵杆移动的同一方向上移动一小段距离。接着,两个光子探测器中的一个被激活了,盒子随后不断产生 0 或 1。显而易见,通过激光,操纵杆造成了晶体的一些变化,并进一步决定了干涉器的状态(由于压电物质的存在)。最终,由光子探测器给出结果。两个盒子是完全一样的。我们又一次发现,秘密似乎隐藏在整套装置中心的那块小晶体上。

直到此,通过对盒子的检测,我们仍未能得到任何令人信服的结论。但这恰恰是本章给大家带来的有意义的信息:仅

---

① 当我们在压电物质上施加压力时,压电物质上将呈现电势差。相反,当在压电物质上施加电势差时,压电物质会被挤压。这两个效应紧密相随。对其最常见的应用之一是气体打火器。当施加压力时,打火器上的压电物质呈现电势差,这会引起发电现象,产生电火花。另一个常见的例子是留声机的唱针顶部的蓝宝石。

仅研究盒子如何构造的,如何工作的,即使进行细致入微的研究,我们也永远无法得到一个令人满意的解释。毕竟,我们已经知道对于赢得贝尔实验这一现象不存在任何局域性解释,那么,为了找到背后的原因,我们当然不能寄希望于对两个盒子中的每一个的局域性检测! 让我们冷静下来,好好回想一下。在一天将尽之际,无论这些仪器如何复杂,它们所做的无非是在每一次我们推动操纵杆时给出一个二进制的结果。

可见,即使盒子内部构造异常复杂,其所实现的全部功能也只是提供我们先前所描述的 4 个程序中的 1 个(见第 23 页)。除此外,究竟还有什么能做的呢? ——再重申一遍,我们的操纵杆仅有"左"和"右"两个方向可供选择,盒子所产生的结果也只是一个二进制结果。

使用多个激光,一个低温器,还有一些光子探测器来实现如此简单的程序是不是太多余了! 但是这套仪器还有着其他"能力"——它可以让我们赢得贝尔游戏!

前量子时代的物理学家花费大量时间和精力去研究这些仪器而往往一无所得,所以如果你对这套仪器究竟如何运作而使得人们赢得贝尔游戏还一头雾水,也完全没必要感到窘迫。我们将在第 6 章得到解答。现在,我们只需记住:盒子的核心是那块小晶体;这些晶体是纠缠在一起的①。但是,这是什么意思呢? 现在你只需知道,纠缠只是我们对某个能使我

---

① 　更准确地说,纠缠在一起的并非艾丽斯盒子内的整个晶体和鲍勃盒子内的整个晶体。两人盒子中的每一个晶体都包含数以十亿计的稀土离子。艾丽斯盒子内晶体中离子的一些集体激发元与鲍勃盒子内晶体的相似集体激发元纠缠在一起。[Clausen C, Usmani I, Bussières F, et al. Quantum storage of photonic entanglement in a crystal. Nature, 2011, 469(7331): 508 - 511.]

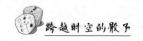

们赢得贝尔游戏的量子物理概念的命名。暂且耐心点吧!

　　总之,盒子内部的具体结构并非特别重要。唯一重要的是,物理学家知道如何构建盒子从而使得艾丽斯和鲍勃赢得贝尔游戏,而且蕴藏在盒子中的"核心因素"被命名为纠缠。赢得贝尔游戏是可能的,这一简单事实才是重要结论。悬浮在浩瀚宇宙空间的地球的照片清晰地表明:地球是圆的;这一简单事实以同样的清晰度表明了:量子物理预测了非局域关联。

第3章
非局域性与真随机性

我们已经知道,在贝尔游戏中想要获得 3 分其实是非常容易的。例如,我们事先设计好盒子,使其每次都产生相同的结果。但是我们同样知道,并不存在任何局域性策略可以使得玩家获得 3 分以上。这是第 2 章的主要结论。

如果两位参赛者赢得了贝尔游戏,也就是说他们获得了 3 分以上,那么如何对此解释呢? 最明显的解释是:或者他们巧妙地影响着彼此,或者他们是技术高超的骗子。但是,如果我们已经摒弃了这两种解释的可能性了呢? 另一种解释是:在表 2.1 所列举的结论中存在着错误。对于这些结论,许多物理学家和哲学家花费很多年去研究。为什么我们不自己尝试一下呢? 要记住,不应轻信权威。每个人都有权力和责任自己去验证科学推理正确与否。我们看到,表 2.1 的结论证实了彼此没有交流的情况下赢得贝尔游戏是不可能的。论证简单而清晰:玩家艾丽斯和鲍勃中的任何一人都只能从各自的 4 个可能策略中选择 1 个;可见,只存在 4×4=16 种可能

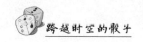

的策略结合;16 种可能的策略结合中的每一个都无法使玩家得到 3 分以上(第 2 章中的表 2.1)。再从头到尾检查一下推理过程,并尝试着向你的朋友解释。

上述推理是具有说服力的,我们有理由相信这一点。它不仅听起来很漂亮,而且被数以千计的物理学家、哲学家、数学家和计算机与信息科学领域的专家验证过。但是,既然无法在游戏中获得 3 分以上,为何我们要讨论赢得贝尔游戏这一话题呢? 这是迫切需要回答的问题! 上述结论太简单不过了,如果不是因为量子力学,没有人会对它有半点兴趣。它只不过是众多乏味的无聊事实中的一个而已。然而事实并非如此,这其实是一个爆炸性的问题。我们之所以关注赢得贝尔游戏这一话题,真正的原因在于:如今物理学研究发现,赢得贝尔游戏这一事情在真实世界中确实发生了——在没有相互影响,没有欺骗的情况下,赢得贝尔游戏真实地发生了。

非局域整体

让我们重新回到我们的问题:我们能从赢得贝尔游戏这一事实中得出怎样的结论? 唯一的可能就是:艾丽斯和鲍勃的盒子虽然在空间上被分开了,但是在逻辑上两者并没有被分开。虽然两个盒子被遥远的距离所分割,我们不能将艾丽斯的盒子和鲍勃的盒子描述为各自独立的实体。换句话说,我们不能简单地说艾丽斯的盒子在一边做着什么,鲍勃的盒子在另一边做着什么。

尽管被空间距离所分割,两个盒子的表现却像一个单一实体——逻辑上无法被分割成两部分的单一实体。简而言之，一个**非局域整体**。

但是，到底什么是非局域整体呢？这个概念确实有助于我们的理解吗？也许不能，除非我们足够聪明。在这里，"非局域"一词仅仅是对无法分割成彼此独立的、局域在各自空间区域的两部分的物体的性质描述。当然，艾丽斯、鲍勃以及他们的两个盒子都局域地位于各自的空间区域，就像普通的人和盒子一样。我们还可以用钢筋混凝土墙，或是铅管，抑或是其他此类的东西来包围他们，这使得他们看起来完全是局域在各自的区域；但是，在描述他们的行为时，我们依然无法做到把他们一分为二：孤立地说艾丽斯如何如何，鲍勃如何如何是不可能的。事实就是这样，如果他们中的每一方都拥有与对方无关的、独立的行为方式，从而拥有自己的策略，那么便不可能赢得贝尔游戏。这就好似两个盒子在空间上被远离前，双方间的关联就已经被协调好了并一直保持着。

现在，我们已经得到了惊艳却很难被接受的结论：如果艾丽斯和鲍勃在贝尔游戏中获得了 3 分以上，那么我们就不得不承认，不管他们俩之间距离有多远，我们能如何清晰地分辨开两人，游戏的结果都不是局域地产生的，即我们不能说一个输出结果仅仅由艾丽斯的盒子生成，另一个结果仅仅由鲍勃的盒子生成。**游戏结果是以一种非局域方式生成的。**这就好像艾丽斯的盒子"知道"鲍勃的盒子在做什么，鲍勃的盒子也"知道"艾丽斯的盒子在做什么一样。

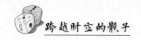

百宝箱6

非局域计算

赢得贝尔游戏意味着艾丽斯和鲍勃的结果以这样一种方式"联系"着彼此：确保 $a+b=x×y$ 这一公式平均每4组数据中有3次以上的情况成立。可见，$x×y$ 的结果以比局域机制所允许的更高的准确率被判断出，虽然在空间上 x 和 y 没有任何联接——也就是说，x 只被艾丽斯和她的盒子所知，而 y 只被鲍勃和他的盒子所知。关于一种神奇的计算器——量子计算机的想法在这里浮现出了，虽然量子计算机的故事还很遥远，而且也超出了本书的讨论范围（事实上，我们更应称其为量子处理器，而非真正的可实现多功能的计算机）。

心灵感应与真孪生

读到这里，许多读者也许会想到心灵感应，或者一些双胞胎例子——分隔两地时，他们会做出同样的决定，遭受同样的疾病。但是这样的迂回思考方向将会把我们带入歧途。

让我们首先来看看双胞胎的例子。双胞胎的根本特征是他们拥有相同的基因序列。他们携带着相同的基因蓝图，因此看起来十分相象，人们常常很难分辨出他们。与我们的贝尔游戏作类比话，艾丽斯和鲍勃相当于双胞胎，他们也可以"携带"一样的基因蓝图，即相同的操作策略。但是，就像我们已经清楚了的，无论怎样的相同策略被艾丽斯和鲍勃"携带"

或被他们的盒子"记忆",他们都不可能赢得贝尔游戏。即便是两个完全相同的双胞胎(他们甚至受到完全相同的生活环境影响),他们也不可能赢得贝尔游戏。可见,双胞胎的类比对于理解局域关联确实是很好的方式,但却完全无助于我们理解赢得贝尔游戏是如何发生的。相反,即使完美的双胞胎也不能赢得贝尔游戏。①

那么心灵感应又如何呢? 如果它真的存在的话,人们将可以跨越空间的阻碍,仅仅通过思想而实现通信。贝尔游戏与之迥异的一点在于:赢得贝尔游戏并不涉及通信。两个盒子以某种协调的方式随机产生结果,这就足够了。在某种意义上,艾丽斯和鲍勃的盒子都必须"知道"另一方在做什么,但玩家却无法利用其来传送信息。因此,赢得贝尔游戏,玩家们依靠的并不是心灵感应,不过我们可以想象为两个盒子间具有"心灵感应"。

就我个人而言,我并不喜欢盒子具有心灵感应能力这种说法,因为我看不出这对我们的理解有什么帮助。我感觉这仅仅是用一个词(心灵感应)去替换另一个词(非局域性)。但是,如果你觉得这样的词汇有助于你理解这些概念,那么你当然可以使用它们,不过前提是你需要明白并记得:具有心灵感应的不是玩家,而是游戏中的盒子或者盒子中心的晶体。而且,这个术语是有误导性的,因为"心灵感应"这一词语暗示了存在信号发射者和接收者。但是,我们将会看到这几乎是不可能的。此外,在贝尔游戏以及相关的实验中,艾丽斯和鲍

①　在这个意义上,经常被用于论述光子纠缠对(它能被用来赢得贝尔游戏)的"双胞胎"光子图像是一个极大的误导。

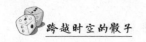

勃的盒子是完美对称的。没有任何东西可以用来区分它们谁是可能的信号发射者或接收者。

协调并非通信

非局域整体的想法立刻唤起"瞬时通信"的概念。回想一下牛顿对其万有引力定律中所显示的非局域性的看法。确实，如果艾丽斯和鲍勃的盒子赢得了贝尔游戏，那是因为在操纵杆被向左或向右推动之后，它们进行了某种协调的行动。但是，考虑到他们之间相距甚远，那么他们的盒子一定可以超越距离的限制完成协调行为。这就是爱因斯坦称作的**"幽灵般的超距作用"**，这一称呼清晰地显露出这位物理学大师对这种超距相互作用的"反感"。但是，你瞧，今天许多实验反驳了爱因斯坦的直觉判断，同时证实了量子理论：自然确实能够协调两个相距遥远的盒子。

然而，协调并不意味着通信。但是，怎么可能在不存在通信的情况下实现协调行为呢？很明显，作为人类我们不能完成如此"惊艳"的举动，因此我们也很难想象这种情况是如何发生的。事实上，为了实现没有通信的协调行为，那些盒子必须随机地产生结果。为了理解这一点，我们首先作相反的假设，即那些盒子产生的是预先确定好了的结果。那么我们就会看到，这将会允许艾丽斯和鲍勃在没有信息传递下实现通信。但由于没有信息传递的通信是不存在的（见百宝箱5），我们也就可以推断，任何能够赢得贝尔游戏的盒子都不会是输出预选确定的结果的。

为了更好地认识这个问题，我们假设一种简单的情况：

艾丽斯的盒子一直产生 $a=0$ 的结果,而鲍勃的推杆选择一直是 $y=1$。如果鲍勃获得了 $b=0$ 的结果,那么他就会知道 $a=b$,也就能推断出艾丽斯的推杆选择很可能是 $x=0$。另一情况:如果鲍勃获得了 $b=1$ 的结果,那么他就知道了 $a \neq b$;同样,他也就能推断出艾丽斯的推杆选择很可能是 $x=1$。事实上,只有如此,我们才能在贝尔游戏中获得点数。百宝箱 7 展示了无论艾丽斯盒子的结果和她所做的推杆选择有着怎样的关系,这一重要结论仍然正确。

从以上分析,我们可以得到以下结论:如果艾丽斯的盒子是以一种确定性的方式产生结果 a 的(第 23 页所讲述的 4 种程序之一),同时鲍勃也知道这种方式,那么鲍勃就可以基于自己盒子的输出结果而推断出艾丽斯的推杆选择。因此,根据这个假设,鲍勃将能够超越距离而读出艾丽斯的想法。事实上,每次他们获得一点时,鲍勃都能够准确地猜到艾丽斯的推杆选择。如果他们赢得了贝尔游戏,那么这种形式的通信就正常不过了。

这样的通信几乎是瞬间发生的,因为信息传递时间不依赖于艾丽斯和鲍勃之间的距离。尤其是,这种通信的速度可以比光速还要快——我们的推理、分析过程并不受光速的限制,因为如果我们将艾丽斯和鲍勃分开得足够远,那么通信速度可以超过任何速度。更为重要的是,我们将可以实现一种非物理形式的通信,因为不需要任何介质来携带信息,艾丽斯和鲍勃的盒子便可以实现通信。但是,这种没有信息传递的通信是不可能的(见百宝箱 5)。

总结一下,如果艾丽斯和鲍勃的盒子能够超越距离限制

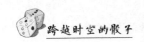
而实现协调行为,并且艾丽斯和鲍勃不能利用这一现象来实现通信,那么艾丽斯的盒子不可能是以确定性的方式来产生结果的。结果一定是随机产生的——通过非局域性的概率过程而随机产生的。

百宝箱7

决定论意味着可以实现
没有传输发生的通信

根据决定论假设,存在着某种联系,这种联系基于每个盒子操纵杆被推动的方向而决定了盒子的输出结果。但是,不论艾丽斯的推杆选择和盒子产生的结果之间的联系如何,只要这种联系是确定性的,鲍勃就可以超越距离的限制而读出艾丽斯的心思,从而实现了没有传输发生的通信。但是,由于这种通信是不可能的,所以决定论也是不可能的。为了使我们自己更确信这一结论,我们将检验另一个例子。

让我们想象如下情况:如果艾丽斯的操纵杆被推到左边,她的盒子产生的结果将是 $a = 0$;如果操纵杆被推到右边,那么结果就是 $a = 1$。这对应于第 2 章的策略 3,也就是说,$a = x$(见第 23 页)。在这种情况下,如果鲍勃把他的操纵杆推到了左边,即 $y = 0$,他便可以基于他自己的盒子所产生的结果而推断出艾丽斯的推杆选择。例如,如果他的结果是 $b = 0$,那么鲍勃就知道艾丽斯可能把操纵杆推到了左边,因为这是唯一一种能够在贝尔游戏中获得点数的情况。事实上,如果 $y＝0$,为了获得 1 点,必须有 $a＝b$。所以,一旦鲍勃观察到 $b＝0$,他就可以推断出 $a＝0$,但是这种结果仅适用于我们现在的例子($x＝0$,即艾丽斯向左推动操纵杆)。

为了使我们自己确信,这个结论无论对于何种确定性联系(此联系用来确定盒子输出结果 a 和艾丽斯推杆方向 x 之间的关系)都有效,我们只需注意以下要点:方程 $a＋b＝x×y$ 中的 4 个变量,鲍勃知道其中的 2 个——他的推杆选择 y 和盒子输出结果 b。除此之外,如果他还知道艾丽斯盒子输出结果 a 与艾丽斯的推杆选择 x 之间的函数关系 $a＝f(x)$,那么鲍勃就可以推断出艾丽斯的推杆选择 x。例如,如果 $a＝x$,那么方程 $a＋b＝x×y$ 就可以被重新写成 $x＋b＝x×y$。因此,如果鲍勃的推杆选择是 $y＝0$,那么我们就知道 $x＝b$,也就是说,鲍勃盒子产生的结果 b 等于艾丽斯的推杆选择 x。

基于每个盒子操纵杆被推动的方向而决定盒子输出结果的联系可能每时每刻都在变化着,不过呢,在任一确定时刻,这种联系都是固定的,实际上,在很久之前,这种联系就被预先设置好了。如果情况真的是这样,那么就没什么可以阻止鲍勃知晓每一时刻的联系。但是,对每一种联系,鲍勃都能够以高概率猜对艾丽斯的推杆方向选择,这就像鲍勃能够超越距离的限制而读出艾丽斯的想法一样。也就是说,我们可以实现没有传输发生的通信。

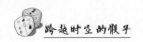

非 局 域 随 机

　　我们刚刚思考了为什么艾丽斯盒子和鲍勃盒子的结果必须是随机产生的。但是,艾丽斯盒子的随机性和鲍勃盒子的随机性并不是无关的。事实上,**同样的偶然事件发生在艾丽斯的盒子和鲍勃的盒子之中**。这听起来多么有趣啊! 偶然事件本身就是一个吸引人的概念,但是在这儿,同样的偶然事件在两个相距遥远的地方发生! 这种想法与我们的常识严重相悖,但是却是无法逃避的。对这一想法,如果你觉得理解起来有困难,请放松,许多物理学家发现他们也是如此,其中就包括从来不相信贝尔游戏存在获胜可能性的爱因斯坦。

　　在第5章,我们将把所有的精力用于"非局域随机"。在第6章,我们将讲解一些允许我们赢得贝尔游戏的实验。在第9章,我们还将认真地审视这些实验的关联,以便思考实验事实是否已经杜绝了所有可以让我们拯救局域性概念的漏洞。

　　但是,在结束本章之前,让我们回过头来看看我们的"解释"。我在这个词上面加了引号是为了强调我们已经到了需要问问自己"我们所谓的'解释'意味着什么? 我们期望一个'解释'能给予我们什么"的时候了。解释首先要能讲述一个完整的故事——一个关于被解释现象来龙去脉、前因后果的合理故事。尽管如此,一些读者也许会有理有据地反对"仅仅对非局域随机谈来谈去根本达不到'解释'的标准"。然而,我们的结论确实是无可辩驳的:空间上局域,时间上连续的所有故事中,没有一个能够告诉我们如何赢得贝尔游戏。

回想一下牛顿的同代人,当他们被要求去理解"任何事物都会落向地球中心"这一"解释"时会如何反应。这算得上是一种解释吗？好吧,也许是,也许不是。引力所给予的解释有以下优点：时间上,故事发生在当下；空间上,故事发生在当地。但是,这一解释仍然遗留下了一个开放性的问题：我们的身体是怎么"知道"地球在哪儿的,即便在我们闭上眼睛的时候？

这个由非局域随机所给予的解释也许比自由落体的解释更难让人满意。但是,关键在于没有任何仅仅基于局域实体的解释。赢得贝尔游戏意味着"**自然是非局域的**"被证实了。

由此,或许我们应该放弃尝试去创造一种解释吗？当然不能放弃！只不过,我们要讲述的故事只能是一个具有非局域特征的故事,比如,故事中有非局域随机发生——这是一个不可分割的随机,它同时发生在相隔遥远的两个地方,而不需要在空间上从一点到下一点传播[①]。在探究自然内在运作机制时,非局域性迫使我们必须拓展我们的观念疆域。

为了更好地理解非局域随机,不妨想象存在一种非局域性"骰子"。这种"骰子"可以通过推动两个操纵杆中的任意一个来投掷。当艾丽斯向方向 x 推动操纵杆时,这种非局域性"骰子"产生了结果 a；当鲍勃向方向 y 推动操纵杆时,产生结

---

① 我并非要断言由非局域随机进行的解释是完备的、权威的。相反,我想说的是：科学家们总是不断地努力寻求各种合理的解释,但任何合理的解释必须是非局域的。未来,历史最终接受的解释将是一个全新的"故事"(理论)——超越了我们现在的物理发现和认知,引导我们进入新的物理世界(量子物理将是新理论在某种物理极限下的近似)。这个新的理论必须允许我们赢得贝尔游戏,不然它就与现有的物理实验结果相违背了。因此,新的理论也一定是非局域的。

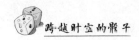

果 b。结果 a 和 b 都是随机产生的,但结果 a 和结果 b 之间存在某种"吸引",一种可以保证赢得贝尔游戏的"吸引"模式。也就是说,可以使方程 $a+b=x×y$ 总是成立的"吸引"模式。

从我们接受这个世界不是完全由确定性决定的,不可分割的随机性确实存在那一刻起,我们也必须接受:一方面,支配这种随机性的定律不一定与主宰经典概率的定律相同[①];另一方面,原则上没有任何理由去禁止这种随机性同时发生在不同的几个地方,只要其不能被利用以实现通信。

真　随　机

我们现在已经清楚了:赢得贝尔游戏,但同时避免利用其实现任意速度的通信,只有一种方法——每一时刻,艾丽斯的盒子决不能基于预先设定好了的联系来生成结果,盒子生成结果的方式必须是真正的随机方式。唯有"不可分割的随机"假说才可以避免鲍勃洞悉艾丽斯的推杆选择与她的盒子结果之间的联系。如果不存在真随机,那么鲍勃最终将发现这种联系,物理学家们也会如此。

---

①　在经典物理中,任何测量结果都是在测量前已经确定了的。我们可以说,结果蕴含在待测系统的物理状态之中,而与测量与否无关。只是由于我们的无知,我们无法完全地、严格地获悉系统物理状态的所有信息,才浮现出概率这一概念。正是这种无知迫使科学家在探究自然时求助于统计方法和概率计算。这些统计学知识建立于柯尔莫哥洛夫公理之上(Kolmogorov's axioms)。在量子物理领域,测量结果并非在测量前已经确定好了,即便我们了解待测系统的物理状态的全部。蕴含在待测系统物理状态之中的只是各种可能结果发生的概率,或说倾向。这些倾向并非遵守相同的规则,也不满足柯尔莫哥洛夫公理。需要注意的是,量子物理中,某些结果却是事先确定好了的。量子物理的数学理论结构(希尔伯特空间)有如下性质:对于纯态而言,所有可能的测量结果发生的"倾向"由全部预确定好的结果的集合唯一表征。从这个意义上讲,量子物理中的"倾向"是经典决定论的一个自然的逻辑推广。[Gisin N. Propensities in a non-deterministic physics. Synthese, 1991, 89(2): 287-297.]

因此,我们必须舍弃艾丽斯的盒子是局域地产生结果的这种想法。是两个盒子一起产生了一对结果。全局性!虽然在两个游戏参与者中的任何一人看来,结果都是随机的。

真随机的概念值得我们特别注意。

概率事件的典型例子是掷硬币或者掷骰子之类的游戏。在这两种情况下,诸如气体分子在硬币上的撞击,骰子弹跳并最终着陆的桌面的表面粗糙度等各种微观效应的复杂性,导致我们实际上无法准确地预测出结果。但是,关于这种预测的不可能性,并没有什么本质的东西,只不过是众多微小事件共同作用而产生的结果。如果我们可以通过详细的观察和充分的计算,从而掌握骰子运动时的所有细节——骰子被投掷时的初始条件、空气粒子的影响、桌面的表面粗糙度等,那么我们就可以准确地预测出它最终哪面朝上。因此,这并不是真随机。

另一个例子将会更好地呈现出我们想要表达的区别。为了进行数值模拟,工程师们经常使用所谓的伪随机数(pseudo-random number)。许多问题都可以用这种方式来分析。比如,我们想一想飞机的研制情况。工程师们倾向于在大型计算机上模拟、测试各种飞机模型的运行情况,而不是制造出很多飞机原型并一个一个地检测它们。为了模拟由于风力以及其他不确定因素而一直变化着的飞行状态,工程师们便会在他们的模拟程序中采用伪随机数。这些数字由计算机根据预先设计好的程序确定地生成,其中不涉及任何概率的事情。可见,这些数字事实上并不是真正随机产生的,这就是我们称之为"伪随机"的原因。伪随机数和紧随它的下一个伪随机数之间的关系是事先确定好的,但是这种关系足够复杂,人们很难猜出下一个数字是什么。乍一看,某些人也许会认为这就已经足够了,他们觉得在由计算机产生的伪随机数和真随机产生的随机数之间并没有什么真正的区别。但这并不正确。现实中存在模拟飞行的时候万无一失,但在实际中却飞得很糟糕的情况①。这种情况的确比较罕见,然而却切实存在。而这种情况的出现正是源于那些精巧的模拟程序所产生出来的伪随机数。换而言之,如果数字是以真随机方式产生的,那么就不会存在这种病态的事件了。因此,表面上的随机事件(例如投掷骰子)和真正的随机事件(赢得贝尔游戏但并不带来通信所需要的随机性)存在着切实的区别。

另外,我们发现真随机是对社会十分有用的资源。对此,我们将会在第 7 章进行讨论。

真随机允许非局域性产生,
但不引起通信

综上所述,赢得贝尔游戏而且无法利用其实现通信必然意味着艾丽斯和鲍勃的盒子是以一种真随机的方式产生结果的。这种随机性是本质的,不能为任何确定性的机制所解释,无论其多复杂精妙。这意味着:真随机是纯粹的自然的创造之作,自然有这种能力。

---

① Ferrenberg A M, Landau D P, Wong Y J. Monte carlo simulations: Hidden errors from "good" random number generators. Physical Review Letters, 1992, 69(23): 3382; Ossola G, Sokal A D. Systematic errors due to linear congruential random-number generators with the Swendsen-Wang algorithm: A warning. Physical Review E, 2004, 70(2): 027701.

我们与其像爱因斯坦那样断言上帝不掷骰子,倒不如问问为什么他要掷骰子[①]。这个问题的答案是:以这种方式,自然既是非局域的,同时又不会导致没有传输发生的通信发生。确实,一旦我们接受自然能够产生真随机事件,那么我们便没有理由去把随机的表现限定在一个局域空间。真随机可以同时在多个地方发生——由于这种非局域随机不能被用来进行通信,我们便没有理由去限定自然不能这样做。

于是,我们发现两个迥异的概念(随机和局域)事实上却是密切联系着的。如果没有真随机性,那么为了避免没有传输发生的通信这一情况,局域性便是必需的了。所以,我们必须谨记:真随机是切实存在的;它以非局域的方式展示自己。

我们必须习惯这一想法:有这样一种随机性,它可以同时在多个地方发生,即真随机可以协调相隔遥远的两个地方所发生的事件。我们还需把以下事实融入我们的直觉:非局域随机可以使我们赢得贝尔游戏,但我们无法利用非局域随机性来实现通信。这就像艾丽斯和鲍勃只能"听到"奇怪电话所发出的噪音一样。

---

① Popescu S, Rohrlich D. Quantum nonlocality as an axiom. Foundations of Physics,1994,24(3):379-385.

第 4 章
量子的不可克隆性

无法实现超光速通信的非局域性还有其他令人惊奇的影响。其中一个例子与**量子克隆**（quantum cloning）的主题相关。在我们的表述中，这意味着去复制一个鲍勃的盒子。这个相对简单的例子是**量子密码**（quantum cryptography）的核心，同样也是**量子隐形传态**（quantum teleportation）的核心，我们将会在第 7 章和第 8 章进行详细介绍。因此本章值得大家一看。

动物克隆已经成为司空见惯的事。在克隆所激起的相当合理的情绪反应和流言蜚语之外，让我们探究一下克隆是否能在量子世界里发生。换句话说，是否能复制原子和光子世界的物理系统呢？物理学家能制造一个艾丽斯或鲍勃盒子的克隆品（完美复制品）吗？

让我们更精确地来表述："复制"一个电子可能是荒谬可笑的，因为所有的电子都是完全相同的。当我们说复制一本书的时候，我们并不是指去生产另外一本有同样格式和页数的书。复制品必须精确地包含同样的信息,包括同样的文本和同样的图像。因此,电子的复制品也必须和原电子携带同样的"信息"——相同的平均速度和相同的速度不确定性,以及相同的所有其他物理量和其不确定性。只有平均位置是不同的,这样我们才可以有这边的原件和那边的克隆品。

在这一章中,我们将探讨:克隆鲍勃的盒子实际上是否可能? 我们已经知道,盒子的核心是盒子中心的晶体,这些晶体携带着我们称为"纠缠"的量子特性。所以到了最后,克隆鲍勃的盒子意味着克隆这些量子实体以及与其相伴的量子特性。

百宝箱 8

海森堡不确定性关系

维尔纳·海森堡(Werner Heisenberg)是量子物理的主要创始人之一。他尤其因提出不确定性原理而被人们牢记。根据这个原理,如果我们要精确地测量一个粒子的位置,就不可避免地会扰乱它的速度。反之,如果我们要准确地测量一个粒子的速度,就不可避免地会扰乱它的位置。因此,我们永远不可能以某种精度在同一时刻知道粒子的位置和速度。这一观念蕴含在现代量子物理学的如下表述中:粒子不能同时拥有精确确定的位置和速度。

量子克隆将允许本
不应被允许的通信

量子系统的不可克隆性对于量子密码和量子隐形传态等

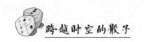

应用是至关重要的,我们将在后面的章节中进行讨论。为了证明这个不可能性,我们将采用反证法(或说归谬法),即:我们首先假设克隆量子系统实际上是可能的,然后我们据此推断出一些荒谬的结论(对于这些情况,将推论出通信可以没有传输发生而实现)。因此,我们可以得出这样的结论:既然没有传输发生的通信是不可能的,量子克隆也一定是不可能的。

想象一下鲍勃成功克隆了他的盒子的情况。更精确地说,鲍勃成功克隆了盒子的核心——晶体。(回忆一下盒子的结构,盒子除晶体外的部分是一个很复杂的装置,但我们重新搭建一个一样的并不困难。)现在鲍勃手边有两个盒子了,不妨说,一个在左边,另一个在右边。每个盒子有一个操纵杆,可以被推向左边或者右边;操纵杆被推动一秒钟之后,盒子将输出一个结果。如果一个盒子确实是另一个盒子的克隆品,两个盒子输出的结果都将与艾丽斯盒子的结果关联。用这样一种方式,每个盒子和艾丽斯盒子之间的贝尔游戏,鲍勃都将获得胜利。然而,鲍勃可以决定在同一时间尝试两种选择,而非针对每个盒子分别做选择。例如,他将左边盒子的操纵杆推向左方,右边盒子的操纵杆推向右方。我们现在就来解释鲍勃如何从他的两个结果推断出艾丽斯在离他很远的地方所做出的推杆选择。

让我们以这样的情况开始:鲍勃的两个盒子结果是相同的,即两个 0 或两个 1。在这种情况下,艾丽斯的推杆选择很可能是 $x=0$。事实就是如此,如果艾丽斯选择了 $x=1$,为了赢得贝尔游戏,鲍勃右边盒子的结果将必须不同于艾丽斯的结果[因为 $(x, y) = (1, 1) \Rightarrow a \neq b$]，而他左边盒子的结果将必须和艾丽斯的结果一致[因为 $(x, y) = (1, 0) \Rightarrow a = b$]。

同样，如果鲍勃的两个盒子结果是不同的，艾丽斯的推杆选择很可能是 $x = 1$。百宝箱 9 使用基本的二进制算法对这个小小的讨论进行了总结。

百宝箱 9
不可克隆定理

用 $b_左$ 和 $b_右$ 分别表示鲍勃左边的和右边的两个盒子产生的结果。赢得贝尔游戏意味着以下两个关系经常满足：

$$a + b_左 = x \times y_左$$

和

$$a + b_右 = x \times y_右。$$

两式相加，我们得到：

$$a + b_左 + a + b_右 = x \times y_左 + x \times y_右$$

现在回想一下，所有这些符号代表比特（0 或 1），而且对相加结果还要进行除数为 2 的取模（取余）运算，所以计算结果总是另一个比特（0 或 1）。因此，$a + a = 0$ 总是成立。还记得，鲍勃把左边盒子的操纵杆推向左方，即 $y_左 = 0$，把右边盒子的操纵杆推向右方，即 $y_右 = 1$。最后，我们得出 $b_左 + b_右 = x$。因此，只需将他的两个盒子结果简单地加在一起，鲍勃便能够以很高的概率猜测出艾丽斯的推杆选择 x。

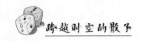
因此,如果鲍勃有能力克隆他的盒子,他便能够以很高的概率猜测出艾丽斯的推杆选择,尽管两人可能相距遥远。据此可以实现没有传输发生的通信,通信能以任意速度进行。有人也许已经注意到了,当鲍勃猜测艾丽斯的选择时,他可能会犯错误,因为艾丽斯和鲍勃并非是得到了 4 分,而是得分超过 3。鲍勃有些时候确实会犯错。然而,他猜对的概率超过了 1/2,对于实现通信,这已经足够了①。这种通信会有点"嘈杂",他们将不得不重复许多次(艾丽丝每次都做出完全相同的选择),重复次数足够多时,鲍勃最终可以几乎完全确定地猜出艾丽斯的推杆选择。事实上,所有的数字通信都是这样进行的。互联网和其他通信协议将我们要发送的信息分割成小片段,并把这些小片段发送到接收方,因为总会有一些小概率犯错,信息被来回发送多次直至任何残余的犯错概率可以忽略不计。

总之,赢得贝尔游戏的可能性意味着克隆量子系统的不可能。物理学家称之为"不可克隆定理"(no-cloning theorem)。这是量子物理领域极其重要的一个结论。这个定理的数学证明极其简单,但从中我们发现:这一定理直接源于无法被利用以实现通信的非局域性确实存在这一事实。这又一次印证了非局域性概念的重要性。

DNA 为何可以被克隆?

我们也许会疑惑,既然不可能克隆量子系统,克隆动物为

---

① 可以证明,恰恰在艾丽斯和鲍勃的得分超过 3 时,鲍勃猜对艾丽斯的推杆选择的概率超过 1/2。

什么是可行的。被称作 DNA 的生物大分子本身不就是一个
量子系统吗？值得注意的是，正是通过对这个问题的询问，诺
贝尔物理学奖获得者尤金·维格纳（Eugene Wigner）成为提
出量子克隆的第一人。事实上，他得出结论：生物学上的克
隆也是不可能的。但这是一个错误。

　　DNA 确实是一个量子系统[①]。但是，编码 DNA 中的遗
传信息只用到了量子物理学所允许的可能性中的很少一部
分，克隆这些少量的信息没有任何原则上的障碍[②]。作为一个
一般性问题，探询量子物理在生物学中的作用是十分有趣的。
这是目前一个活跃的研究主题。

题外话：近似克隆

　　结束这一章前，请允许我进行一些评论。虽然这些评论
对本章的主题并非必要，但读者可能对此感兴趣。

　　量子理论确实允许近似克隆，请注意这一点，但我们不再
给予数学证明。近似克隆类似于劣质的拷贝，而品质最好的
近似克隆恰恰好能确保：劣质的克隆品无法被利用以实现没
有传输发生的通信[③]。

　　不可克隆定理与量子理论的方方面面紧密相关。特别
是，正如前面所提到的，它对量子密码（第 7 章）和量子隐形传

---

　　①　至少，及其可能就是如此。这一论断虽然从未在实验上被证实，但没有
物理学家怀疑这一点。
　　②　这就好像信息被编码在电子的位置上，而不涉及电子的速度。在这种情
况下，电子的位置是可以被复制的，虽然这样做时会扰乱电子的速度，但这无关紧
要，因为电子的速度并未被利用以携带信息。
　　③　Gisin N. Quantum cloning without signaling. Physics Letters A, 1998,
1(242)：1-3.

态(第8章)等应用至关重要。没有不可克隆定理,著名的海森堡不确定性关系也将失去意义(百宝箱8)。事实上,如果可以完美地克隆一个量子系统,我们便可以测量量子原件的位置,同时对克隆品的速度进行测量。于是,我们便可以同时获得一个粒子的位置和速度了,这与不确定性关系相违背①。

不可克隆定理的另一个重要推论是:激光产生的关键受激发射不可能不伴随着自发发射。否则,我们便可以利用受激发射来完全地克隆光子的状态(例如,它的极化)。我们又一次发现,受激发射和自发发射的比例精确地受最佳近似克隆(与无法被利用以通信的非局域性相一致)的限制②。一切吻合得恰到好处。量子理论是非常协调和精致的。爱因斯坦是描述受激发射和自发发射比例的第一人。如果他知道他的公式精确地与他非常讨厌的非局域性概念相一致,他一定会很惊讶。

最后,关于克隆和非局域性之间关系的评论。我们已经看到:没有传输发生的通信不可能存在;在把鲍勃的盒子克隆成2个时,这一事实对盒子的克隆品质进行了限制。当我们用其他游戏(或其他不等式)取代贝尔游戏(或贝尔不等式)

---

① 这种说法有些过于简单了,好似对量子原件位置测量的统计结果与对克隆品速度测量的统计结果满足海森堡不确定性关系一样。事实是,历史上海森堡对不确定性关系的表达即便不是错误的,也是含糊不清的[Ozawa M. Universally valid reformulation of the Heisenberg uncertainty principle on noise and disturbance in measurement. Physical Review A, 2003, 67(4): 042105.]。不确定性关系的精确表述方式之一便是不可克隆定理以及最佳量子近似克隆定理[Branciard C. Error-tradeoff and error-disturbance relations for incompatible quantum measurements. Proceedings of the National Academy of Sciences, 2013, 110(17): 6742 - 6747.]。

② Simon C, Weihs G, Zeilinger A. Quantum cloning and signaling. acta physica slovaca, 1999, 49: 755 - 760.

时会发生什么？——在新的游戏（或不等式）中，我们允许鲍勃有更多的选择可能性。例如，假设鲍勃可以往 n 个不同的方向推动操纵杆。在这种情况下，没有传输发生的通信不可能存在这一事实限制了将鲍勃的盒子克隆成 n 个完美克隆品。为了证实非局域性，鲍勃和艾丽斯必须拥有比各自的盒子数目更多的可能选择。他们不允许同时完成所有的可能选择[①]。在这里，我们开始瞥见"自由意志"的重要性，或者更通俗地说，艾丽斯和鲍勃要能够独立地做出自由选择对非局域性的论证很重要。没有独立选择，非局域性就无从谈起。

---

① Terhal B M, Schwab D, Doherty A C. Local Hidden Variable Theories for Quantum States. Phys. Rev. Lett., 2002, 90: 157903.

第 5 章
量子纠缠

根据量子力学，对可以赢得贝尔游戏，即得分可以大于 3 这一可能性的解释是纠缠。埃尔温·薛定谔，量子物理创始人之一，最先意识到纠缠不仅仅是量子物理众多特征之一，而且还是它的关键特征[①]：

> 纠缠，不是量子力学的一个普通特征，而是一个标志性的特征，正是它迫使量子力学和经典的思维方式彻底分道扬镳。

在这一章里，我们将展现原子和光子世界里的这一奇妙特征。

量子整体论

简单地说，量子物理的奇妙理论告诉我们，两个在空间上

---

① Schrödinger E. Discussion of probability relations between separated systems. Cambridge University Press，1935，31(04)：555－563.

分得很开的物体形成一个单独个体的可能性不仅存在,而且极其常见,这就是纠缠。此时,如果我们"扰动"两部分中的其中一个,这两部分都会发生"振动"。首先需要注意的是,当我们进行"扰动",即对一个量子个体实施测量的时候,将会产生一个完全随机的响应——这响应只是众多可能结果中的一种,而每个结果发生的概率是可以由量子理论精确预测的。由于这是一个随机事件,我们不能通过纠缠个体所表现出的整体性来发送信息。事实上,接收者只能接收到噪音——完全随机的一种振动。我们又一次看到了真随机的重要性!但是你也许会说,如果我们不扰动第一个物体,那么第二个物体就不会振动。因此我们可以仅仅通过决定是否扰动第一个物体来发送信息。但问题是:我们如何知道第二个物体是否发生了振动?为了证实这一点,我们不得不对其进行测量,而这测量本身就有可能使它振动。简而言之,不管它可能和我们的直觉多么相悖,两个纠缠的物体实际上组成一个单独个体的想法是不能通过简单的争辩来否决的。

理论上,任何物体都可以纠缠,但是事实上,物理学家只证实了原子、光子和一些基本粒子的纠缠。目前实现纠缠的最大物体是如贝尔游戏中盒子里晶体那般大小的晶体。不论实现纠缠的物体是什么,纠缠的特征是完全一样的。我们将利用电子——携带电流的微小粒子——来说明量子世界这一近乎神奇的特征。

量子不确定性

我们以这样一个例子开始。一个电子可能处于一个位置不确定的态上,所以它不是简单地像一个点一样只处于一个精确的位置上,而是像一朵云。一朵云自然有一个平均位置(即物理学家所说的"质心位置"),电子也有一个平均位置。但是和云非常不同的是,一个电子不是由很多的水滴组成,也不是由其他任何形式的微滴组成。电子是不可分的。然而,虽然它是不可分的,它并不处于一个固定位置上,而是处于一系列可能的位置。尽管如此,如果我们测量它的位置,电子会马上回答:"我在这儿!"但是这个回应产生于测量过程中,而且产生方式是完全随机的。电子在测量前没有位置,但是在测量的过程中,它被迫对一个预先没有答案的问题作出回答——量子随机是真随机,是不能约化的随机。

形式上,这个不确定性由叠加原理(superposition principle)表示,如果有电子可以在"这里",也可以在它"右边一米处",那么这个电子便可以处在"这里"和"右边一米处"的叠加态上,也就是说,既处于"这里",也处于"右边一米处",在这个例子中,电子同时处于两个位置。比如,在杨氏实验①中,电子可以从一条缝感受到"这里"发生了什么,又从另一条缝感受到"右边一米处"发生了什么。因此,它确实既在"这里",又在"右边一米处",但是如果我们测量它的位置,我们只能完全随机地要么得到"这里",要么得到"右边一米处"。

量 子 纠 缠

我们刚刚已经看到,一个电子可能没有确切的位置。同

---

① 这个著名的实验因托马斯·杨(Thomas Young)而得名,实验中一个粒子同时穿过两个相邻的细缝。

样,两个电子中的任何一个也极有可能没有一个确切的位置。但是由于纠缠,两个电子之间的距离却可以是完全确定的。这里的意思是,无论何时测量两个电子的位置,我们都会得到两个结果,每一个结果都是完全随机的,但是两个结果的差却总是完全一样! 也就是说,相对于它们各自的平均位置,两个电子总是产生同样的结果,虽然这个结果是真随机的。因此,如果一个电子被测量到的位置是在它的平均位置的右边,那么,另外一个电子也会在它的平均位置的右边,而且二者相对各自质心的距离是一样的。即使两个电子相距很远,结果依然如此。

由此可见,两个电子的相对位置是可以确定的,即使任意一个电子的位置是不确定的。更一般地讲,即使每一个子系统本身处在不确定的态上,相互纠缠的两个系统却可以处在一个确定的态上。当对两个相互纠缠的系统进行测量时,虽然得到的具体结果由概率决定,但是两个具体结果由相同的概率决定。也就是说,量子随机是非局域的。

纠缠也可以定义为量子系统集合的如下能力:当我们对量子系统集合中的每一个量子系统的相同物理量进行测量时,每个量子系统产生同样的结果。它可以通过同时对多个系统采用叠加原理来描述。例如,两个电子可以"一个在此处,另一个在彼处",或者"一个在此处的右边一米,另一个在彼处的右边一米处"。根据叠加原理,这两个电子也可以在上述两种状态的叠加态上。这是一个纠缠态。但是纠缠所涉及的远远超过叠加原理,因为正是纠缠把非局域关联引进物理学。比如,在我们上面提到的纠缠态中,没有一个电子有预先

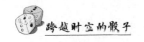

确定的位置,但是如果测量第一个电子发现它处于"此处",那么即使我们没有测量另一个电子的位置,也可以直接确定它处在"彼处"。

这如何成为可能?

两个没有确定位置的电子如何能够具有确定的相对位置?就我们日常所见的世界,这是不可能的。因此,我们很自然地要去怀疑量子物理对电子的位置并没有给出完整的描述,一个更完整的理论应该把电子描述为始终具有确定的位置,只是对于我们现在的认识,这个位置是隐藏的。这就是**局域隐变量**(local hidden variable)这一概念的出发点。这些变量之所以是局域的,是因为每个电子独立于其他电子而拥有自己的位置。

然而,"隐位置"假设也带来了新的难题。事实上,电子的位置并非唯一的可观测物理量。我们也可以测量速度,它同样具有不确定性。一个电子当然具有一个平均速度,但是在测量中得到的速度是从众多可能速度中随机地产生的一个,就像我们进行位置测量时的情形一样。同样地,纠缠允许两个电子没有确定的速度但是却可以一直拥有完全相同的速度,而且,即使两个电子相隔很远,这仍然成立。

纠缠的概念事实上比上面所谈论的要更加深远。两个电子可能既没有确定的位置也没有确定的速度,但是它们可以按这样的方式纠缠:它们的相对位置和相对速度是完全确定的。如果隐位置确实存在,那么当然也应该有隐速度。但是这就违背了量子力学的一个核心内容——海森堡不确定原理（见百宝箱 8）。海森堡，他的导师玻尔以及他们的朋友们强烈反对诸如隐位置、隐速度之类的局域隐变量假设。另一方面，薛定谔、德布罗意、爱因斯坦却坚持隐变量假设要比纠缠假设自然得多，因为后者暗示了真随机的存在，这种随机性可以在多个地方同时显现。

从 1935 年到 1964 年的这一段时期，没有人发现类似于约翰·贝尔所提出的观念那样的东西，贝尔的想法我们曾在第 2 章里讨论过。因此，那个时候无法通过一个精妙的物理实验来平息这场争论，比如，通过回答这样一个问题：能否赢得贝尔游戏？如果存在局域隐变量，量子系统不可能赢得贝尔游戏。局域隐变量（像双胞胎的基因）会像程序一样以一种局域的方式决定分别位于艾丽斯和鲍勃处的盒子所产生的结果。但是我们已经看到，如果结果是被局域地决定的，那么艾丽斯和鲍勃将无法赢得贝尔游戏。

当这一问题还不能从实验上得到证实的时候，它很快变成了一场感性的辩论。薛定谔写道，如果纠缠的观念是对的，他对自己曾经推动它感到遗憾！关于玻尔，我们只需要看一看他如何回应 1935 年爱因斯坦、波多尔斯基和罗森合作的论文（即 EPR 佯谬[①]），他认为这只是个人观点的差别，而他将永远捍卫自己的观点。

---

① Rae A I M. Quantum physics: illusion or reality?. Cambridge University Press, 2004. Ortoli S, Pharabod J P. Le cantique des quantiques: le monde existe-t-il?. Paris: Editions La Decouverte, 1985. Gilder L. The age of entanglement. Alfred A. Knopf, 2008.

在众多伟大的科学家之中，爱因斯坦是其中最伟大的，在牛顿数百年之后，他构建了引力的局域理论。在 1915 年广义相对论被提出之前，物理学家以一种非局域的方式描述引力——如果我们在月亮上面移动一块石头，那么地球上的我们的体重①就会马上受到影响。原则上，我们可以穿越整个宇宙发生瞬间交流。但是根据爱因斯坦 1915 年提出的理论，引力变成了和当时已经为人所知的其他物理现象一样的一种现象——它也是以有限的速度在空间中从一个地方传播到另外一个地方的。因此根据爱因斯坦的相对论，如果我们在月亮上移动一块石头，那么地球以及其他宇宙空间会通过以光速传播的引力波感受到这一移动。由于月球离地球 38 万公里，我们的体重会在大约 1 秒之后才发生改变。

而仅仅就在爱因斯坦史诗般发现的 10 年后，这位让物理变得"局域"的人发现自己又不得不面对非局域的难题。虽然量子非局域性和牛顿引力的非局域性非常不同，但是在面对非局域威胁到他的概念大厦时，爱因斯坦还是不能不为之所动。这样一来，他当时的反应——我们为什么要更相信海森堡的不确定关系，而不是相信决定论和局域性——也就合乎情理、不难理解了。

纠缠如何使人赢得贝尔游戏？

"量子"一词是出现于 20 世纪 20 年代的现代物理学中的

① 我们的质量不会受到影响，受影响的是地球和月球施加在我们身上的吸引力。应该用火箭来移动月亮上的一块石头，这样将——轻微地——改变月球的质心。

标志性概念,如此命名是因为原子的能量是量子化的,也就是说,能量不能任意取值,而只能在一系列可能的值中取值。实际上,除了能量以外,很多物理量也都只能在有限数量的可能值范围内取值,因此它们也都是量子化的。一个简单而普遍的情形是只存在两个可能的值,这种情形下就会产生**量子比特**(quantum bit),在物理学术语中也写作 *qubit*。

对一个量子比特进行的不同测量可以用"方向"来表示。对于光子偏振,这个"方向"直接与起偏器的方向相关[①]。因此我们可以用圆周上的角度来表示这些测量方向,如图 5.1a 所示。每次我们从这些方向中的某个方向对量子比特进行测量时,得到的结果要么是 0,表示偏振方向"平行"于这个方向,要么是 1,表示偏振方向"反平行"(即指向所选方向的相反方向)于这个方向。很明显,颠倒测量方向就相当于把测量结果进行 0 和 1 的交换,因为一个方向上的测得值是 0,在相反方向的测得值便是 1。值得注意的是,对每一个量子比特,我们都可以自由选择测量方向。由于测量会对量子比特造成扰动,我们不能在其他方向再次测量同一个量子比特。不过,我们可以以同样的方式制备很多个量子比特(用物理学术语来说就是,这些量子比特处于完全相同的态)。因此对于不同的量子比特,我们可以从不同的方向来测量,这样我们便可以得到给定态的测量统计数据。

---

① 极化由每个光子都具有的电场方向决定。如果光子是绝对极化的,振动被局限在空间上某个特定方向,这个方向决定了光子的极化态。极化方向与起偏器的可能测量方向有关,但在角度上相差一个因子 2。这个因子的来源也很值得讲述。

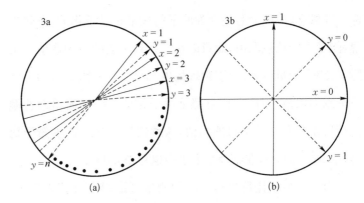

图 5.1 一个量子比特可以被沿着不同"方向"测量。如果两个量子比特纠缠,然后我们沿着相近的两个方向测量它们,得到的结果常常是一样的,说明存在非常强的关联。例如,(a)中,测量选择 $x=1$ 和 $y=1$ 会给出强关联的结果,同样地,选择 $y=1$ 和 $x=2$,$x=2$ 和 $y=2$ 等等相近的测量方向,都会给出强关联的结果。然而,选择 $x=1$ 和 $y=n$ 会给出不同的结果。在贝尔游戏中艾丽斯和鲍勃的盒子使用的测量方向如(b)所示。

　　一个量子比特测量值为 0 的概率取决于所制备的量子比特所处的态。但是不管这个态是什么,在邻近的两个方向上进行测量,测量值是 0 的概率是很相近的。换句话说,测量值的概率与测量方向之间是连续函数关系。

　　如果两个量子比特纠缠[①],而且它们在同一个方向上被测量,我们总会得到同样的结果,要么同时为 0,要么同时为 1。为什么? 这就是纠缠的奇妙之处。我们在第 63 页的"量子纠缠"那一章节里讲过,每个量子比特可以有一堆可能的测量结果,但是两个纠缠的量子比特的结果之差是零。因此,如果艾丽斯和鲍勃分享一对纠缠的量子比特,此时如果艾丽斯沿着某个方向 A 测量她的量子比特,而鲍勃沿着某个接近于 A 的

---

　　① 有无数种可能的纠缠态。这里我们考虑物理学家称为 Φ^+ 的纠缠态,并在 xz 平面进行测量。

方向 B 测量他的量子比特,那么这时他们的测量结果一致的概率接近于 1。假如鲍勃的测量方向在艾丽斯的测量方向右边一点,如图 5.1a 所示。现在想象艾丽斯选择了第二个方向 A′,A′ 也接近于鲍勃的测量方向,但是这次它处在鲍勃测量方向的右边一点。这两个方向同样彼此邻近,所以获得相同结果的概率也接近于 1。

于是,我们可以继续一点一点地移动测量方向,直到鲍勃最终的测量方向和艾丽斯最开始测量的方向相反。由于测量方向相反,此时测量的结果也必然相反。这时我们就了解了贝尔游戏的基础:除了在一个情形中结果不同外,其余所有结果几乎都一样。在贝尔游戏中,这个结果必须相反的特殊情形对应于艾丽斯和鲍勃都把他们的操纵杆推向右边。在两个纠缠的量子比特情形下,这个特殊的情形对应于艾丽斯使用了她的第一个测量方向,而鲍勃用了他的最后一个。根据具体测量方向的多少,我们可以得到不同的贝尔不等式。对于贝尔游戏,艾丽斯和鲍勃各自只测量两个方向,如图 5.1b 所示,他们得到的分数是 3.41。

量子非局域性

让我们来总结一下。量子理论预言,很多实验也已经证明了:两个相距很远的事件可以产生关联,这样的关联既不能由一个事件对另一个事件的作用来解释,也不能由共同局域原因来解释。首先,让我们解释得更精确些。我们已经摈弃的两种解释是:以低于光速的任何速度,从空间的一点到邻近的另一点连续地传播的影响(在第 9 章和第 10 章,我们

将看到这个结果对于任意的有限速度都成立,即使这个速度超过光速。只要它不是无限的,也是如此。);在空间中逐点连续传播的"共同原因"。这两种解释都基于**局域变量**(local variable)——一切都是局域地发生的,然后以从一个点到下一个点的方式演化,这就是术语"局域解释"以及"局域变量"的来源。

真正神奇的是,一旦我们否定上述两种局域解释,那么就没有任何其他形式的局域性解释了。这意味着,我们不能像按照时间顺序来讲故事一样来描述这些显著的关联是如何产生的。坦率地讲,在某种意义上讲,这些非局域关联好像是从时空之外产生的。

现在我们是否就可以下结论了呢? 这些非局域关联又到底是什么呢? 让我们先来考虑第二个问题,它更简单一些。由于这些关联没有局域的解释,它们被称为非局域的,因此,"非局域"一词只是简单地表明事情"不能用局域变量来解释"。这个修饰语"非局域"带有否定的意味,但并没有告知我们这些关联到底是什么,它只告诉了我们这些关联不可能是什么。这就像别人告诉我们一个东西不是红的,这不能让我们知道这个东西到底是什么颜色,只能让我们知道它不是红的。

"非局域"是一个否定修饰词的另一层非常重要的意思是,非局域关联并不能被利用以实现通信,不管这通信是瞬时的,还是传播速度超过或者低于光速。也就是说非局域的量子关联不能作为通信手段。没有传输,因而也就没有通信,但是观察结果不能用局域模型来解释,也就是说,它们不能用那种发生在时间和空间中的故事来描述。

　　无法实现通信这一事实避免了量子力学和相对论的直接冲突。一些人把这描述为奠定现代物理的两个理论的和平共处，这多少有些令人惊讶，毕竟这两个理论的基础是完全冲突的。量子物理本质上是随机的，而相对论则具有确定性。量子物理预言，存在确实不能用局域变量描述的关联，而相对论中的一切在根本上都是局域的。

量子关联的起源

　　作为这一章的结束，让我们看看数学形式的量子物理是如何描述非局域关联的。这种形式很实用。但它并不能解释非局域关联是如何产生的！

　　根据量子理论的数学表述，这些奇异的关联都来源于纠缠，而这可以通过一种在比我们所生活的 3 维世界维度更高的空间中传播的波来描述。"波"传播于其间的这种空间，物理学家称为"位形空间"（configuration space），它的维度依赖于纠缠粒子的数目，事实上，这个维度是纠缠粒子数的 3 倍。在位形空间里，每个点都表示了所有粒子的位置，即使这些粒子彼此分隔得很远。这样，位形空间里的一个局域事件可以牵涉非常远的粒子。可惜我们人类不能直接看到位形空间，我们只能观察到发生在那里的事件的投影。每一个粒子在我们的三维空间中都有一个投影，也就是它在我们所处空间的位置。因此，如图 5.2 所示，在我们所处的空间，一点与另一点可以相隔很远，即使它们都源于位形空间中同一点的投影。这即便可以被称为一个解释，也是一个颇为奇怪的解释。在

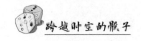

某种意义上来说,事件不是发生在我们所处的世界,而是发生在另一个世界,我们感知的只是它的投影而已,这非常像数世纪前为了阐释认识"实在"的困难柏拉图所使用的"洞穴"比喻。

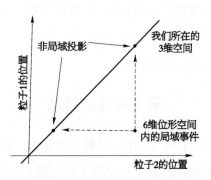

图 5.2　量子理论使用高维空间来描述粒子。对两个只允许沿着直线传播的粒子,我们用像一张纸一样的二维空间来描述它们,因此,图中的每一个点表示两个粒子的位置。对角线表示我们的日常所在的空间。由此,在高维空间里发生的事件就会在我们的空间中投射下它们的影像,而这些影像可以距离很远。

这个对非局域量子纠缠起源的"解释",数学味道要比物理味道浓厚得多。事实上,我们很难想象"实在"是发生在一个维度依赖于粒子数的空间里,尤其是当你意识到其中的粒子数还会随着时间改变的时候。简言之,数学形式的量子理论并没有提供解释,它只是提供了计算方法。一些物理学家总结:这里没有什么好解释的。他们建议我们:缄口不言,埋头计算。

第 6 章
实　验

　　这一章节，介绍的是我们于 1997 年在日内瓦进行的贝尔实验。更准确地说，这个实验是在贝尔内与贝勒维之间的村庄进行的，两地之间的直线距离是 10 公里。实验借助了瑞士电信公司的光纤网络。这是第一个在实验室外进行的贝尔实验，图 6.1 展

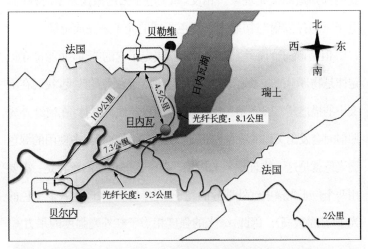

图 6.1　在贝尔内与贝勒维之间的村庄进行的非局域关联实验的示意图，直线距离约为 10 公里。 我们进行的这个实验，是第一次在实验室外进行的贝尔游戏。我们用以传送纠缠态的光纤来自瑞士电信公司。

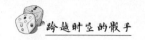
示了实验的概况。

光子对的产生

让我们从实验的关键步骤开始介绍——纠缠光子的制备。在晶体中,原子的排布是高度有序的,并且每个原子都被电子云环绕着,当有光线照射在这些原子上时,电子云就会被激发,并围绕着原子核振荡。(注意:用于产生纠缠光子的晶体与艾丽斯和鲍勃盒子中心的晶体无关。)如果这种振荡是非对称的,也就是说,电子云在有些方向上较其他方向更容易远离原子核,那么,我们就称这种晶体为**非线性晶体**。其得名是由于以下原因:当光子与原子发生相互作用时,光子就激发了电子云,使之开始振荡。如果电子云的振荡是对称的,它会随机地向各个方向放射出与初始光子相似的光子,这样便完成了"退激发"。这就是我们都知道的荧光现象。相反,如果电子云的振荡是不对称的,电子云通过发射与初始光子颜色不同的光子来完成弛豫。

但是,光子的频率(表现为颜色)决定了它的能量,而能量守恒定律是物理学的基本定律之一,因此,对于光颜色的改变,我们在上文中的描述还不够完整。比如说,有一种非线性晶体,在被红外光照射时会发出美丽的绿色光芒,越来越普遍地在会议中使用的绿色激光笔就是这一物理现象的应用。对于这一现象的解释是:需要用两个位于光谱中红外部分的光子(能量较低)来产生一个绿色的光子(能量较高)。因此,绿光的强度相当于红外光强度的平方[①],

---

① 为了产生绿色光子,两个红外光子必须同时在晶体的同一位置出现。这一事件发生的概率随红外光强度的平方而变化。

也就有了"非线性"的说法。因此,非线性晶体能够改变光束的色彩。在光子层面上看,进行这一过程需要几个低能量的光子。

物理学中的定律有可逆性。这意味着,如果一个基本过程能够朝着一个方向进行,它的逆向过程也一定是可能的。所以,也可以通过把一个绿色的光子送入非线性晶体来产生两个红外光的光子,这就是我们产生光子对的过程[①]。

纠 缠 的 形 成

这些光子为何会纠缠? 这个问题还有待解释。想理解这一点,我们首先要知道,像光子这样的量子微粒,它们的物理特性(如位置、速度、能量等)是不确定的。举例来说,一个光子具有一定的能量,但这个能量是不确定的——它可能有某个平均值,但是其数值具有不确定性,不确定性甚至可能相当大。这并不是因为我们对光子能量的知识掌握不够,而是由于光子内在的、固有的不确定性——它自己也不"知道"自己具有多少能量。简而言之,光子不具备精确的能量值,而是有一个可能能量值的"谱"(正如第 5 章描述的电子的位置一样)。假如光子的能量被精确地测量,我们所得到的将是"谱"

---

① 取决于使用何种非线性晶体,两个光子不一定具有相同的"平均"颜色。例如,其中一个光子属于亮红外光(涉及一些红色光),而另一个光子属于暗红外光(对于人眼完全不可见)。两个光子颜色的这种差异(同样意味着能量的差异)可以十分巨大,特别是,可以比每个光子的能量不确定性都大,虽然我们仍然称它们都为红外光。幸好有这一差异,我们可以把这两个光子分离开,并把亮红外光子发送给艾丽斯,而把暗红外光子发送给鲍勃。为了完成这一目的,我们把光子注入光纤中——与你每天上网,看电视,打电话时所使用的光纤一样的光纤。在实际实验中,红外光子被调节,以适应光纤的特征。这种优化过的光子叫作通信光子。它们的颜色恰好使得通信过程中光纤的透明度可以达到最大。

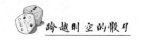

中的一个完全随机的结果——真随机的结果,正如之前讨论过的那样。需要理解这一点:为了产生赢得贝尔游戏所必需的真随机,某些物理量的数值就不能是精准确定的。它们必须是不确定的,只有在被精确测量时,才具有一个确定的值。什么确定的值?这便是量子随机性。

光子的"年龄",也就是它从光源被发射出来之后所经过的时间,就像它的能量一样,也是不确定的。一个光子的可能"年龄"范围跨度大约几纳秒(10^{-9}秒),直至几秒,这取决于光子的发射方式。对于光子来说,著名的海森堡不确定性关系(见百宝箱 8)表明,一个光子的"年龄"越确定,它的能量就越不确定。

言归正传,让我们继续讨论非线性晶体和由它们生成的光子对吧。想象一个非线性晶体被一个具有精确能量值的绿色光的光子所激发,也就是说这个光子的能量值的不确定性非常小。这个光子被转换为两个红外光的光子,它们单独的能量值是不确定的,但是其能量之和与最开始的绿色光子的能量相等。这样我们就有了两个红外光的光子,它们各自的能量是不确定的,但是它们的总能量是精准确定的。

由此,这两个光子的能量就被相互关联起来。如果我们进行能量测量,得知其中一个光子的能量值高于平均值,那么另一个的能量值就肯定低于平均值。在此,我们得出了量子非局域性的一个令人惊奇的特性:可以通过测量一个光子的能量来获知原本能量不确定的另一个光子的能量。

不过,这还不是我们所需要的全部。想要进行贝尔游戏,我们必须在至少两种测量方式之间做一个选择,相当于操纵杆的两个位置。因为初始的绿色光的光子具备精确的能量值,由海森堡不确定性原理可知,它必须相应地具备不确定的"年龄"。那么,红外光的光子对又如何呢? 因为它们的能量值不确定,它们的"年龄"就是相对确定的,至少比绿色光的光子的"年龄"确定得多。

那么,其中一个红外光的光子的年龄会不会比另一个更大? 答案是否定的,因为这种情况只有在这个光子比另一个光子更早地被晶体制造出来时才可能发生。而如果一个红外光的光子比另一个先存在,就会有一小段时间能量守恒定律不成立——而这是不可能的! 所以,两个红外光的光子必须在绿色光的光子消亡的一瞬同时被制造出来。两个红外光的光子什么时间被制造出来? 答案是,光子对被制造出的瞬间时刻是不确定的,就像绿色光的光子的"年龄"一样。

总结一下,两个红外光的光子是"同龄"的,但这个"年龄"的数值是不确定的。如果我们测定其中一个红外光子的"年龄",则只能得到一个随机的结果。不过从这一刻起,第二个光子的"年龄"就是确定的了。这就是想进行并赢得贝尔游戏所需要的第二个量子关联①。

一旦光子对抵达了它们的目的地,一个进了艾丽斯的盒子,另一个进了鲍勃的盒子,它们就应该被理想地储存在记忆

---

① 如果我们承认海森堡不确定性原理,这意味着我们接受量子物理中的测量将产生本质上随机的结果,那么我们便不需要两个物理量,例如这里的能量和时间,仅一个物理量便足以证实量子物理的非局域性。但是,如果不考虑两个物理量,没有人会相信真随机性,譬如他们会说,每个光子的能量都是完全确定的,我们只是不知道它们的数值。只有通过贝尔游戏(关键点在于艾丽斯和鲍勃可以在至少两个选项中进行选择),我们才能说服自己:真随机确实存在,海森堡不确定性原理是正确的。

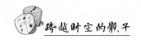

装置中。这种类型的记忆装置叫作量子存储器,现在仍处于实验室研究阶段。目前它们的效率并不高,储存光子的时间也非常短,比1秒还短得多。艾丽斯和鲍勃需要在光子到来稍前作出选择,这样,光子一到盒子里就能立刻被测量。它们会接受两种可能的测量方式之中的一个,这取决于操纵杆的位置,也就是说,它们或者能量被测量,或者"年龄"被测量(也就是物理学家所说的能量或时间)。最终,两个盒子会分别显示出测量结果。原则上,艾丽斯和鲍勃的盒子能够储存足够的光子,以像第2章中描述的那样进行贝尔游戏(在不远的将来,用来进行实验的技术就会变得成熟)。盒子中央的晶体就是能够存储数百个纠缠光子的量子存储器,就像我们现在正在日内瓦开发的量子存储晶体一样(不过我们还必须大幅度提高存储时间和效率才行)。

量子比特的纠缠

我们刚刚看到了如何制造两个在能量和时间上纠缠的红外光子。如果我们对它们的能量或"年龄"进行测量,就会得到严格相互关联的结果。艾丽斯和鲍勃的盒子的操纵杆能够决定盒子是测量光子的能量还是时间,但是这对于进行贝尔游戏来说还不够。因为,在贝尔实验当中,盒子必须产生二进制的结果,而测量能量和时间能得到的却是数值型结果——可以是可能结果"谱"中的任一数值(原则上,可以有无穷多种不同取值)。所以,我们必须让纠缠"离散化"。

首先,我们把持续照射非线性晶体的激光替换为短脉冲激光。我们用物理学家称之为分束器的半透明镜子把脉冲一分为二,并使其中一个延迟,再将它们重组,就像图6.2中所示意的那样。于是,晶体就被一系列的两个"半脉冲"所照射。我们还是采用非线性晶体来生成光子对。这些光子对何时被制造出来呢?每个来自脉冲激光的绿色光子通过与非线性晶体的作用,可以被转化为两个红外光子,转化可以在两个可能时刻发生。如果我们侦测其中一个红外光子,我们可能在两个不同的时间找到它:或是准时时刻,或是延迟时刻;而另一个红外光子也一定会在同一时间被发现,也就是说它们具有相同的"年龄"。所以,我们在测定光子年龄时得到了二进制结果。(理解以下一点非常关键:绿色光子并不是有时准时,有时延迟;而是一直既是准时的,也是延迟的,物理学家称之为光子处于两种状态的叠加态。光子可能年龄"谱"有两个峰值,一个对应于准时时刻,另一个则对应于延迟时刻。从这个意义上讲,由绿色光子制造出来的每一对红外光子都既是准时的,又是延迟的,但是它们总是具有一样的"年龄"。)

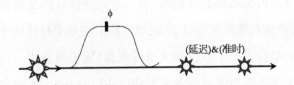

图6.2 时间为二进制的量子比特示意图。左边是入射光子,它可能走底部较短的路径,也可能走顶部较长的路径,之后两个路径重合。这个光子如果走了较短的路径,就是准时的;而如果走了较长的路径,就是延迟的。根据量子物理知识,这个光子实际上可以既走较长的路径,也走较短的路径,所以既是准时的,也是延迟的(或者用物理学术语说,处于一种叠加态)。

进行贝尔游戏所需的第二个测量——能量测量,需要借助干涉仪。需要理解的要点是,我们也可以将能量测量"离散

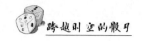

化"，从而能进行并赢得贝尔游戏。

贝尔内—贝勒维实验

　　1997 年，我们在日内瓦进行了上述实验。这是第一次在物理实验室之外进行贝尔游戏。在电信领域，特别是光纤方面，我具备坚实的专业知识背景，在 20 世纪 80 年代初为光纤在瑞士的引进做出了贡献。而我们遇到的最大技术问题是：如何逐个探测出波长与光纤兼容的光子？在那时还未开发出具备这种功能的探测器。在最初进行实验时，我们将一些二极管置于液氮中以保持其处于低温状态。同时面临的另一个问题是：如何接入瑞士电信公司的光纤网络？这一问题的解决得益于我早期在通信领域的工作，当时的工作使我在那里积累了人脉资源。

　　作为纠缠源的晶体以及其他相关的设备被转移并安置在科尔纳万火车站附近的通信中心。以那里作为起点，一条光纤通往日内瓦北部的贝勒维，另一条则通往日内瓦南部的贝尔内，两地直线距离超过 10 公里。我们在两个村庄的小型通信中心都设置了干涉仪和光子探测器（置于液氮中）。当然，想使用这些中心就必须备有密钥。在门打开后，实验者必须在一分钟内利用特制的对讲机连接警报中心，告之其通行密码，然后才允许进入第四层地下室，来自整个区域的光纤都通向这里。因为在那里无法使用手机，请读者思考这其中的逻辑问题吧。

　　实验开始了。我们满怀信心，认为实验一定非常顺利，能赢得贝尔游戏，但还是发生了三件奇事。第一件是：当太阳升起时,通往南部的光纤比通往北部的光纤更长,但是实验初始时是一样长的。对这一问题的解释是南部光纤通过了一座桥,而且它在这一段比北部光纤埋得浅,故而经历了更明显的温度变化。这给同步性带来了难题,所幸经过几个不眠之夜后终于找到了解决方案。而第二件事是令人高兴的——约翰·贝尔的遗孀玛丽·贝尔女士前来查看我们的实验进展如何。最后一件事是,在实验成果被公开发表后,《纽约时报》做出了大篇幅报道,BBC 前来拍摄,实验还获得了美国物理协会 20 世纪 90 年代最出色实验的提名。

第 7 章
应　用

　　重要的物理概念必然对日常生活有影响。19 世纪, 由麦克斯韦发现的电动力学方程在很大程度上推动了 20 世纪电子工业的发展。同样, 我们有理由期待起源于 20 世纪的量子物理也能够推动 21 世纪的科技发展。例如, 量子物理已经给我们带来了用于 DVD 播放器的激光以及对计算机至关重要的半导体。但是这些早期应用只是利用了量子微粒的集体属性——激光利用的是光子的集体属性, 半导体利用的是电子的集体属性。那么, 是否有对量子非局域关联进行利用的应用呢? 如此就涉及了**量子微粒对**——微粒对中的一个微粒发送给艾丽斯, 另一个发送给鲍勃。这些微粒必须被一个个处理, 而这是一个巨大的挑战。但是物理学家从来不是畏难而退的人。本章展示了两个已经被商业化的应用, 而更多巧妙的应用也极有可能在前方等待着人们去发现。

利用真量子随机性产生随机数

第一个应用极其简单。我们已经知道,只有当艾丽斯获得的结果是真随机时,非局域关联才有可能存在。但随机可以为我们带来什么呢?事实上,对于我们如今所处的信息社会,没有什么比随机性更加有用的了。我们都有信用卡和无数的密码,每张信用卡都有一个涉及个人信息而必须保密的PIN码,这就是随机产生的。然而随机并不容易产生。之前,我们探讨过随机数对于数值模拟的重要性。而另一个例子是最近发展得非常迅速的网络在线赌博。同样,人们必须确保虚拟卡片或抽中的中奖号码真的是随机选择的结果。否则,不论电子赌场是在作弊还是利用伪随机数,都会面临着被某些聪明的人识破从而倒闭的风险。因此,对量子物理学而言一个非常有前途的应用是:随机数生成器。它利用了量子固有的随机性,这是物理学家公认的唯一的真随机性。

应用物理就是充分理解物理学的某些方面,然后将其简化,直至可以以经济可行的方式应用它。艾丽斯和鲍勃,被某种**类空间隔**(spacelike interval,在第 9 章会具体解释这一概念)分开以避免他们以光速相互影响。利用两台计算机的方案可以赢得贝尔游戏,但这样的方案太过复杂而无法实现商业应用。如果我们仅考虑艾丽斯,她拥有的只是一束光子,这束光子通过分光镜后被两台光子探测器拦截。量子纠缠确实存在,鲍勃在他这一端采取同样的方式操作并最终赢得贝尔游戏,这两点足以确保艾丽斯的结果源于真随机性。在游戏的最后,我们只需要艾丽斯的结果即可,而鲍勃的结果可能只

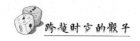

具有一个虚拟的意义。所以，对于这个应用，我们可以忽略鲍勃。一旦我们这么做了，光子的纠缠也变得可有可无。在原则上艾丽斯的光子可以是纠缠的，但实际中不需要真正纠缠，知道这一点就足够了。最后，艾丽斯可以利用一个非常微弱的激光源（几乎不会出现超过 1 个光子的情况）。而不是单个光子。这就是大多数商业**量子随机数生成器**（quantum random number generators, QRNG）的基础。

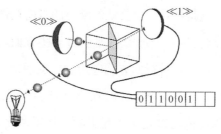

图 7.1　量子随机数生成器。设备构造思路如图所示。一个光子通过一个半透明镜后到达两个探测器其中之一。每个探测器与一个二元结果或称量子比特相联系。图上方是日内瓦公司 ID Quantique 生产的第一个商用量子随机数生成器，大小为 3 厘米×4 厘米。

图 7.1 展示了日内瓦一家公司开发的商业用途的量子随机数生成器 ID QuantiqueSA。也许大家会认为这个量子随机数生成器的构造实在太过于简单，哪里体现出了非局域关

联呢？实际上,这个产生器不是直接利用非局域关联,而是利用同类的光子、分光镜和光子探测器能够产生非局域关联的可能性确保了获得的结果是纯粹的真随机结果。

有些人可能会质疑并且追问,设计者如何确定采用的是同一类型的分光镜和探测器呢？这个质疑非常合理。为了简化量子随机数生成器使其具有商业可行性,我们不得不假设这些设备是可靠的。这个假设十分常见且已经被证实是可行的。确实存在一种可以避免这种假设的巧妙方法,但这首先要求我们回到比这个假设更贴近贝尔游戏的一种情况,且必须放弃上述大多数简化操作。这种方法已经被实验证实可行,但是仅仅存在于实验室条件下①。

量子密码学：一种设想

第二个应用是量子密码学。

我们通过前几章已经知道,如果两个物体相互纠缠,那么对其中一个物体进行测量,我们也将得到另一个物体的测量结果。乍一看,这个结论并无什么特别的价值,尤其是这些相同的结果还是完全随机产生的。但是对于密码学家来说,这个结论非常有趣。确实,我们现处的信息社会充斥着大量信息,其中很大部分信息需要保密。为了给信息保密,人们在将信息传递给接收者之前会对其进行加密。这意味着,在第三

① Pironio S, Acín A, Massar S, et al. Random numbers certified by Bell's theorem. Nature, 2010, 464(7291)：1021 - 1024；Christensen B G, McCusker K T, Altepeter J B, et al. Detection-loophole-free test of quantum nonlocality, and applications. Physical review letters, 2013, 111(13)：130406.

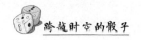

方看来这些加密后的信息就像是一长串无结构、无意义的噪音。从长远来看，定期更换密码显得尤为重要，最好在每次传送一则新信息后就更换。这就引发了一个问题：该如何交换密钥呢？这些密钥只能被信息的发送方和接收方知晓，除此之外任何人都不能知道。也许人们会想象装甲车队为用户满世界地运输这些密钥，但肯定有比这更简单的方式，不是吗？

事实上，现今一些政府或者大型企业都是派遣随身携带公文包的专员为他们认为必须高度保密的信息传递密钥。而像我们普通民众则更希望能有一种更加实用的方式。例如，在进行网上购物时，网购安全性依靠复杂的数学理论——公共密钥密码学。这个想法源于计算机可以非常容易地进行某些数学运算，例如两个质数相乘，但是对其进行逆向运算却非常不易。即使对一个高效的计算机而言，要找到一个给定数字的质因子也是一项费时的任务。

然而，这些细节并不重要，重要的是理解其中的困难是什么。对于一个学童而言，班上的优等生都无法解决的问题就是困难的。对于公共密钥密码学家而言也是如此，只不过他们求助的不是同学。把世界上最好的数学家聚集在一起，提供他们最良好舒适的场所，承诺他们如果成功想到解决方案就给予丰厚的奖金，如果没人想到解决方案就说明这个问题确实非常困难。但是困难并不意味着不可能。在数学史上，一些问题曾困扰了世界上最好的数学家多年甚至是几个世纪，但最终有聪慧的人想到了解决方法。这样的例子比比皆是。

数学就是如此，只要想到解决方法，重复和利用它就不困难。所以如果有一天，比如明天，某个天才发现了对数字快速进行质因子分解的方法，那么当今社会的所有电子货币都会在瞬间失去价值，信用卡、网络交易和银行贷款也将因此失去保障。这将是一个巨大的灾难。此外，如果一个组织拿到被公共密钥加密的信息，就可以去破译这些信息，从而可以阅读几年甚至几十年前的秘密信息。所以，如果你想要一些数据在今后的几十年都保密，你最好即刻放弃用公共密钥加密信息。

因此，找到由真随机产生的并且对艾丽斯和鲍勃而言又相同的结果十分重要。如果艾丽斯和鲍勃的结果相纠缠，他们就能随时产生一串可以立刻被用作编码密钥的结果。而根据量子不可克隆定理，他们可以确保不会有其他人拥有他们的密钥。至少在理论上来说就是这么简单。

量子密码学的实际应用

我们该如何简化贝尔游戏的方案，将上述想法变成实际应用？我们将再一次看到，为了开发简单但不过度简化的量子密码应用，理解基础的物理原理是多么的重要。

简化 1：实验中每一轮贝尔游戏都有三个部分：艾丽斯、鲍勃和产生纠缠光子对的晶体。由于对称性的原因，晶体通常被放置在中间。然而，这样放置并不方便，所以我们将它存放在艾丽斯处。这样我们就只有两个物体，不过这么做就不再有由相对性所引起的艾丽斯和鲍勃之间的通信障碍了。但是，在密码学中，必须确保任何信息都不会违背他们的意愿而被泄露，因为这样会违背保密性。

简化 2：既然纠缠光子对的源头在艾丽斯处，那她会在鲍勃之前测量她的光子所携带的量子比特。实际上，这个测量甚至早于光子离开艾丽斯前往鲍勃的时刻。所以相较于使用产生光子对的源，并立刻测量其中一个光子（也因此会破坏它），艾丽斯利用一个能逐个产生光子的源会更为简单。

简化 3：逐个产生光子的光子源依然太过复杂了，比这更简单的是利用一个产生极其微弱激光脉冲的光源，微弱到一个脉冲几乎不能携带多个光子。这是一个可靠的、测试可行的且便宜的光子源。唯一遗留的问题就是如何处理少量携带多个光子的脉冲。实际上，人们只需要对这些多光子脉冲的频率做一个准确的估计。我们做保守的假设：每一个试图破译信息的间谍都了解这些多光子脉冲。通常在交换了数百万次脉冲之后，艾丽斯和鲍勃就能推算出最坏的情况下敌人对于他们的结果了解多少。然后，他们利用标准保密放大算法（standard privacy amplification algorithm）[①]来保证对手至多只能获得极少的信息（这个算法的巧妙之处是从较长的数列中稍微截取一小段数列来加强保密性）。尽管新的密钥非常短，但是可以保证它是绝对安全的[②]。

说到底，现在只有两个盒子。一个发送低亮度激光脉冲，

[①] 简单说明一下这个算法。假设有 2 个比特 b_1 和 b_2，对手正确知道每个比特的概率为 3/4。用 $b_1 + b_2$ 的总和 b（对 2 取模，这样总和仍然是比特）替换这两个比特。对手只有在完全猜中两个比特或者猜错两个比特时才能知道 b 的正确值。这就意味着对手正确猜得 b 的概率是

$$\left[\frac{3}{4}\right]^2 + \left[\frac{1}{4}\right]^2 = \frac{5}{8}。$$

这个值比 3/4 小。所以艾丽斯和鲍勃通过放弃一半的比特来增加密钥的保密性。一些更复杂的算法可以通过损失更少的原始密钥来获得更高的保密性。

[②] 原始密钥的不安全性不能太高，否则无法保证保密性。因此，艾丽斯发送给鲍勃的脉冲必须足够微弱以限制多光子脉冲的频率。

激光脉冲携带着偏振编码或是二进制时间编码的量子信息，如第 6 章所说的那样；另一个测量这些光子的偏振或"年龄"。实践中当然还有其他的技术手段，但如果你一直能跟上本文的节奏，你应该就能理解它们中的大部分了[①]。

现今，一些日内瓦的组织在靠近洛桑 70 公里处拥有自己的数据备份系统，数据通过日内瓦湖底的光纤传输，数据利用日内瓦大学附属公司 IDQ 开发并投入商用的密码系统进行加密。

有趣的是，历史上，上述简化的应用早在基于非局域性的方法出现前就被发明了。这是一个人为因素导致的历史反常现象，并不符合逻辑。另一个包含人为因素的故事是，当贝内特(Charles H. Bennett)和布拉萨德(Gilles Brassard)发明了简化版本的量子密码时，没有任何一家物理期刊愿意发表它。这个方法太新颖另类了，以至于受邀为期刊审核论文来稿的物理学家都难以理解它。最终，贝内特和布拉萨德将他们的成果在印度举办的一次计算机会议的论文集中发表。直到埃克特(Artur Ekert)在 1991 年独立发现量子密码后，这份 1984 年出版的论文集才被人注意到，而这一次埃克特的重新发现基于非局域性，并且发表在一份享有盛名的物理学期刊上。

---

① 更多内容请参见 Gisin N, Ribordy G, Tittel W, et al. Quantum cryptography. Reviews of modern physics, 2002, 74 (1)：145；Scarani V, Bechmann-Pasquinucci H, Cerf N J, et al. The security of practical quantum key distribution. Reviews of modern physics, 2009, 81(3)：1301.

第8章
量子隐形传态

　　一个物体从一处消失，不经过任何中间点就出现在另外一处！还有什么比**隐形传态**（teleportation）更不可思议的呢？通信技术在某些时候也给人这样神奇的感觉，一封邮件从我的电脑发出，几秒钟后即出现在世界另一端的朋友的电脑屏幕上。众所周知，一封邮件的发送是由无线网络信号、铜缆中的电子和光纤中的光子组成的网络携带着邮件从一点到另一点连续不断地传送，最终到达目的地。而隐形传态截然不同，因为物体是从一处直接"跳跃"到另一处，而不借助任何实体、不通过任何的中间点。除非利用量子非局域性，否则这遥远距离的神秘联系只会出现在魔法或者科幻小说中。

　　通过前几章的介绍，我们知道了非局域性不能被用于通信传播。但是在科幻小说中，隐形传态允许信息以任意速度传播。而且，物体必须由物质构成（如果是光子，则由能量构成），但物质从一处到另一处不可能不通过任何中间点。所以,像科幻小说中的那种隐形传态在现实生活中是不存在的。不过在 1993 年,一群物理学家在一次会议的头脑风暴中对非局域性这一观点产生了浓厚兴趣,并提出了现今物理学界广为人知的**量子隐形传态**[①]。所以量子隐形传态不是由独立的个人发明的,而是由六个作者共同提出。这是一群人的智慧结晶,而非典型的"个人英雄主义"[②]。

物 质 和 形 式

量子隐形传态是如何起步的呢? 首先,我们要问问自己:什么是物体? 亚里士多德提出,物体有两个构成要素:物质和形式[③],现今物理学家更为准确的描述是物质和物理状态。例如,一封信由两部分构成,一部分是作为物质的纸和墨,另一部分是纸和墨的物理状态或称承载的信息:内容。对于电

---

① 这里有个小故事可以展现 20 世纪 90 年代第二次量子革命初期时的情形。1983 年,我还在美国攻读博士后,一天,一个颇有声望的教授面带微笑向我走来,告诉我说他曾"救过我一命"。原来,他是我某篇早期学术论文的审稿人,在那篇论文中,我断言量子物理领域中有可能存在"一个系统可以在一处消失而同时在另一处出现"的现象。这让人联想到现今的量子隐形传态,但当时我并未对其展开深入研究,仅仅是发表自己的直觉看法。我的"恩人"同意发表我的论文,只是将我上述年轻气盛的言论删去。因为在当时,我的鲁莽断言是会引起物理界普遍的反感! 有多少可以开拓量子物理的机会丧失了,只因颇有声望的教授不断坚持玻尔的量子理论完美地解释了一切;有多少有天分的年轻学者最终离开物理界,有多少著名教授仍然在坚持玻尔理论的完备性!

② Bennett C H, Brassard G, Crépeau C, et al. Teleporting an unknown quantum state via dual classical and Einstein-Podolsky-Rosen channels. Physical review letters, 1993, 70(13): 1895.

③ 这是我们远程隐形传态实验的论文的开篇引言,然而,著名期刊 Nature 的编辑拒绝任何追溯到亚里士多德的引用。我极力说服我的学生放弃将论文发表在 Nature 上的想法,但是由于压力过大,最终我们接受了编辑的修改建议。Marcikic I, De Riedmatten H, Tittel W, et al. Long-distance teleportation of qubits at telecommunication wavelengths. Nature, 2003, 421(6922): 509 – 513. (原稿见 arXiv: quant-ph/0301178)。

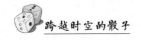

子来说,它的质量和电荷(连同其他永久属性)构成它的物质,电势位置和速度之"云"(可能取值的范围)构成它的物理状态。对于光子这种无质量的光粒子而言,其物质是能量,其物理状态则包括它的偏振以及电势位置和振动频率(即能量)之"云"。

在量子隐形传态中,我们不传输整个物体,只是传输物体的量子态,引用亚里士多德的术语,就是物体的形式。是不是略感失望?先别急着失望。首先,我们知道,我们无法利用隐形传态来传输物体的质量或者能量,因为这会严重违反一个原则:没有传输发生的通信是不可能的(参见百宝箱5)。因而,我们能传输物体的量子态这已经足够了不起了。事实上,量子态包括物质的最终结构,因此我们并不仅仅是传输物体的某种近似描述,而是传输了关于该物体的可被隐形传态的一切。另外,不要忘记第4章的不可克隆定理,当我们传输物体的量子态时,被传输的本体一定会消失,否则就会有两个完全相同的拷贝,这就违反了不可克隆定理。因此,量子隐形传态保证物体初始态在一处消失,接着输出态在另一处出现。

让我们总结一下量子隐形传态。量子隐形传态就是初始物体的物质(质量、能量)会保留在原点,但它的所有结构(它的物理状态)犹如蒸发了一样。例如,以艾丽斯处为起点,鲍勃处为传输终点(可以是任意艾丽斯所不知道的位置)。如果传输艾丽斯的橡皮泥鸭子,橡皮泥将会保留在原地,但却不再有鸭子的形状,只是一堆不成形的橡皮泥。而在传输终点,传输前只有一堆不成形的橡皮泥(物质),在传输过程结束后,鲍勃的橡皮泥会获得原来鸭子的确切形状,甚至精确到最微小的原子细节。这个特殊的例子现在只能出现在科幻小说中,因为我们暂时还无法传输一只橡皮泥鸭子,这对现今的科技来说仍过于复杂。又或许是因为量子物理不能应用于像橡皮泥鸭子一类的日常用品?所以,让我们考虑另一个更真实但更抽象的例子:光子的偏振。

　　光子是光能量(物理学家称之为电磁能)的微小"集合包"。这些能量的一部分源于微弱的振动电场。如果光子有着优异的偏振性质,电场就会在确定的方向上有规律地振动。如果光子不具有定形的偏振性质,物理学家将此光子称为非偏振的[①],即电场会在各个方向完全无序振动。艾丽斯的光子在最初时具有完美的偏振性质,也就是说,光子在确定方向上振动。也许振动的方向无法知晓,但确实存在。在隐形传态结束后,艾丽斯的光子,其能量依然存在,但不再是偏振的了。在鲍勃处,最初是一个非偏振光子(即能量[②]),但是在隐形传态结束后,它已经获得了艾丽斯的光子起初所具有的优异偏振性质了。此后,鲍勃的光子与起初艾丽斯的光子一模一样,而艾丽斯的光子和传输前的鲍勃的光子一模一样[③]。

---

　　① 对于一个完全意义上的偏振光子,光子可以通过确定方向的偏振器,而对于完全非偏振的光子,其通过任何方向的偏振器的概率都是 50%。第一种情况,光子携带有偏振器可以确定的结构,而第二种情况,不论偏振器的方向如何,光子"通过与不通过"的概率是相同的,50% 对 50%,因为它不具有特定的结构。

　　② 如第 6 章所述,光子的能量可以是不确定的,实际上,质量也是如此,例如玻色-爱因斯坦凝聚的质量。最重要的事情是物质(质量或者能量)在传输终点是早已经存在的,至少潜在性存在。

　　③ 对于那些掌握一定物理知识的读者,我们要说,上述论断是成立的——如果我们能传输光子的所有特性。如果我们只传输光子的偏振态,除非它们的其他特性在开始时就相同,比如它们的光谱特性,否则我们就可以区分它们。

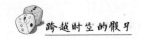

　　所以，我们确实进行了一种"传输"。由"能量＋偏振"组成的光子，或者一般意义上说，由"物质＋物理状态"组成的物体，确实没有通过任何空间上的中间点从艾丽斯传输到鲍勃处。在量子隐形传态过程结束后，不论是将艾丽斯处的光子传输到鲍勃处，还是鲍勃处的光子传输到艾丽斯处，两者最终的情况是相同的，无法区分哪个是传输者，哪个是接收者。

　　但是上述的所有内容并没有告诉我们量子隐形传态是如何操作的。我们明白，必须利用量子非局域性，但只知道这点远远不够。我们依然需要另外一个概念——联合测量。

联　合　测　量

　　要真正实现隐形传态，就需要一个量子体的纠缠对。更具体地说，需要想象存在一对偏振纠缠的光子。接着，需要确定被传输的物体，也就是具有我们想要传输的偏振态的光子。因此，偏振态就是被传输的量子信息的比特或者说量子比特。作为发射者的艾丽斯拥有一个用来传输的光子，或者更确切地说，拥有一个携带着被传输的量子比特（偏振）的光子。同时，她还有另一个光子，她知道这个光子和远处（艾丽斯不需要知道鲍勃所在的具体位置）鲍勃拥有的第三个光子纠缠。此时，她需要做什么呢？如果她测量了待传输的量子比特，她就会干扰它使其失去被传输的原始状态。如果她测量和鲍勃的光子纠缠着的光子，她知道这会建立和鲍勃的非局域关联，但这又有什么用呢？艾丽斯所能知道的一切就是：如果鲍勃实行了和她一样的测量，他们会获得同样的结果，一个随机但相同的结果。

量子隐形传态过程的关键在于艾丽斯必须利用纠缠的另一个鲜为人知的特性。到目前为止，我们只讨论了纠缠的第一个特性，即可以用纠缠态来描述两个远距离量子实体，如两个光子。但在这里，艾丽斯有两个不同状态的光子。第一个光子具有确定的偏振态，但艾丽斯并不知道其偏振性质；第二个光子处于纠缠态。艾丽斯所要做的就是使二者产生纠缠。为了达到这个目的，仅仅测量二者其中一个是远远不够的，她必须联合测量它们。这一点令人难以理解，因为量子纠缠在我们所熟知的日常生活中是难以实现的。

为了让大家更清楚理解，假设艾丽斯询问她的两个光子：你们是一样的吗？如果我对你们进行同样的测量，你们会展示给我同样的测量结果吗？在日常生活中，解答这样奇怪问题的唯一方法就是进行实际的测量后对比结果。而在量子物理领域，多亏了量子纠缠，我们有更好的检测方法。我们可以直接"问"两个光子这个问题，它们会通过聚集成纠缠态来给出答案，而根本不需要对二者进行逐个测量。如果采取相同方式对两个光子进行测量，例如像第 5 章那样在相同方向上进行测量，不论选择哪个测量方向，它们总会产生相同的随机结果，呈现非局域真随机的特性。无论测量方向如何选择都一样！

如果艾丽斯的两个光子对同样的问题都给出相同的回答，并且在鲍勃处的、与艾丽斯光子相纠缠的光子对同一问题

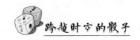

也给出相同的回答,那么鲍勃的光子会和我们想传输的那个光子给出同样的回答。多么简单啊!因此,在这一过程中,量子纠缠被两次利用。第一次是作为非局域性量子隐形传态的通道(艾丽斯和鲍勃的光子的纠缠态),第二次是在不知道两个系统(艾丽斯的两个光子)的任何状态信息时,量子纠缠提供了一种"问询"方式,借此我们可以得到两个光子的相对状态(参见图 8.1)。

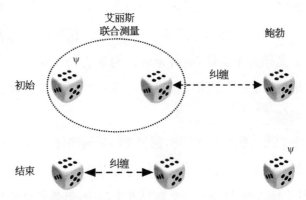

图 8.1 量子隐形传态。最初,艾丽斯有两个光子,图中以两个骰子表示。左边的那个光子携带着将被传输的量子比特 Ψ,而右边的那个与鲍勃的光子相纠缠。艾丽斯对两个光子进行联合测量。这个操作使两个光子产生纠缠,与此同时把左边光子的量子比特传到鲍勃的光子。为了完成这个隐形传态过程,艾丽斯需要告诉鲍勃她联合测量的结果,鲍勃需要"扭转"他的光子以配合这个结果。

但这并不是最终的结局。与量子物理中其他的理论一样,对艾丽斯的两个光子进行的联合测量,若仅考虑它们的相对状态,产生的真随机结果只是几个可能结果中随机的一个。幸运的话,除了鲍勃之外,我们会得到"我们是一样的"这个回答,这似乎就是最后的结果。那么,如果艾丽斯得到的回答是"我们是不一样的",这意味着"对于一个相同的问题,我们会给出相反的答案", 又该何去何从? 倘若如此, 鲍勃必须"扭转"他的光子使其处于与艾丽斯初始的光子产生相同结果的状态①。

艾丽斯该如何询问她的两个光子呢? 这是实验面临的最主要的困难。因为这将超出本书讨论的范围, 在这里我就不赘述了。

量子隐形传态协议

艾丽斯的联合测量产生一个随机结果, 根据这个结果, 如果对鲍勃的光子在相同方向进行测量, 鲍勃的光子产生的结果总是和初始光子产生的结果相同或者总是和初始光子产生的结果相反。这两种情况发生的概率是相等的。到目前为止, 对于鲍勃来说这一切似乎并不有趣。他获得的结果有50%的概率与已经产生的初始光子的结果相同, 有50%的概率与之相反。因为只有两个可能的结果, 什么也不做他也能知道自己有50%的概率得到正确结果。但是在量子隐形传态中, 艾丽斯知道联合测量的结果, 所以她知道鲍勃得到的结果正确与否。因此, 为了完成量子隐形传态过程, 艾丽斯必须告诉鲍勃他所处的情况。

---

① 在这我必须说明, 本书介绍至今, 为了方便理解, 我只阐述了对于相同测量总会产生相同结果的纠缠态。然而, 量子物理中存在许多纠缠态, 例如, 有对于相同测量总会产生不同结果的纠缠态。实际上, 还有许多其他的纠缠态, 但目前不需要对它们进行解释。对于那些具有一定物理知识的读者, 如果想了解更多, 那么具体来说, 对两个光子的偏振会有四个最大纠缠正交状态。针对每一个状态, 鲍勃会用某种方式对他的光子偏振采用一种"扭转"(幺正变换), 做到结束时其状态与艾丽斯光子的初始状态严格一致, 但不需要知道具体是什么状态。

现在我们可以理解量子隐形传态如何避免信号以任意速度传输：只有鲍勃知道了艾丽斯两个纠缠光子的联合测量结果，隐形传态的过程才能完成。艾丽斯和鲍勃之间的通信是必需的，因为如果没有通信，鲍勃的结果是纯粹偶然的，鲍勃对此无法控制。艾丽斯的结果必须以光速或者远低于光速传播。因此，量子隐形传态从开始到结束都不能以超光速传输。当艾丽斯进行联合测量时，鲍勃这边确实出现了一些情况，鲍勃的光子从没有结构的状态变成两种可能状态的其中一种。鲍勃不知道其原因，无论他进行何种测量，获得的总是纯粹的随机结果。但只要艾丽斯告诉鲍勃他的光子处于哪一种状态，鲍勃就知道怎么做才能系统地获得艾丽斯的初始光子的测量结果，并且知道该选择怎样的测量方式来测量自己的光子。这样，鲍勃的光子的量子态就会和艾丽斯初始光子的量子态相同了。

需要注意的是，鲍勃并非必须测量他的光子，他可以留着它供以后使用，或者将它传输到其他地方。因此，我们想象这是从一个节点到另一个节点的整体隐形传输网络，例如单位节点间距 50 公里，在这个距离内利用光纤可以轻易传输量子纠缠。如果鲍勃从艾丽斯处得知他的光子总是会产生相反的结果，那么他只能扭转他的光子①。扭转光子可以不需要扰动光子，即鲍勃不需要知道光子所处状态的任何信息。还请注意，鲍勃可以不需要扭转光子就直接传输它

---

① 为了做到这一点，他必须扭转他的光子态。例如，如果量子比特是被编码的偏振态，他必须利用双折射晶体来扭转偏振态。

到其他地方。他只需要告诉接收者让其进行一次扭转。接着，最终的接收者要计算他需要扭转几次光子。如果次数是偶数，他就不需要扭转光子，如果次数是奇数则须扭转光子一次。

还有更为重要的一点。艾丽斯和鲍勃都无法知晓传输态的任何信息。确实，艾丽斯对两个光子联合测量的结果总是完全随机的，因此这个结果无法提供任何关于传输的信息。对此我们无须感到惊讶，因为我们知道，如果光子处于纠缠态，不论测量方向如何，测量结果总是完全随机的。而如果光子有一个确定的振动方向，不论这个振动方向是哪个，当我们问"你们是一样的吗?"，结果也是完全随机的，这是一种逆向过程。对其进行更深入的论证是完全必需的，否则如果艾丽斯和鲍勃了解了一些关于传输状态的内容，他们就可以通过来回的传输这种状态来重复这个过程。每一次传输都使用一对新的纠缠光子对，直至积累足够的信息来复制这个状态，而这违背了第 4 章的不可克隆定理。

最后，艾丽斯和鲍勃可以传输和第四个光子纠缠的光子的状态。由于艾丽斯和鲍勃都不了解隐形传态，所以他们也无法破坏隐态传态过程。这里，我们利用了量子纠缠的两个特性，两次用以使相距遥远的光子产生关联，一次用以执行联合测量。最终，我们使相距遥远，从未"见过面"，而且没有任何共同"过去"的两个光子产生了纠缠，如图 8.2 所示。因此，我们称之为纠缠的隐形传态。

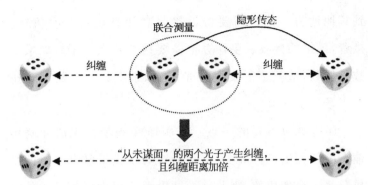

图8.2　当我们对一个纠缠着的量子比特(光子)进行隐形传态时,例如图中左起第二个骰子(它和第一个骰子纠缠着),结果是第一个骰子和第四个骰子也产生了纠缠。这就是纠缠的隐形传态。这个过程使得从未相遇的微粒产生纠缠,让人为其着迷。同时这个过程也非常有用,因为这可以使发生纠缠的物体之间的距离加倍。

量子传真和量子通信网络

曾经我们以为量子隐形传态不过是量子传真系统。毕竟,鲍勃必须拥有相当于"白纸"的量子比特才能在纸上打印"传真过来的"量子比特的状态。但是这个分析具有误导性,具体有如下几个原因。

首先,当我们使用隐形传态时,并不只是传真一些信息片段,而是以量子态的形式传输物质的基本结构。最终的量子比特并不仅仅携带着初始量子比特的量子态,而是在各方面都和它保持一致。

其次,量子态有无数多种,需要大量的信息来描述量子系统的这些状态。例如,可以用一个角度来描述一个光子的偏振态。若想以传统方法传递这个角度信息,则需要无穷多比特的信息,但是在量子隐形传态中,传递一个光子的偏振状态只需要一个比特。这意味着与传统通信传输需要大量信息相比,在量子隐形传态中只需要极其少量的信息来传输状态(如果前者所需信息数量可以计算的话)。

第三个区别在于,在量子隐形传态中,艾丽斯和鲍勃都不知道传输的量子比特的状态。这在密码学中是不同寻常且非常有用的。一份传真在发送过程中,任何人在传输沿线都可将其拦截。但在量子隐形传态中,这绝不可能发生。因为,任何人都不知道传输的量子比特的状态,甚至发送者和接收者都不知道。所以,信息可以由艾丽斯传给查尔斯,接着再由查尔斯传给鲍勃。如果查尔斯严格遵循量子隐形传态协议,他就对信息一无所知。艾丽斯和鲍勃甚至可以检查传输过程是否运行顺利以及查尔斯是否利用量子密码协议知道了信息。对于整体的量子隐形传态网络,即使存在干预节点(物理学家所说的量子中继器),艾丽斯和鲍勃也可确保通信的绝对保密。

我们可以传输大型物体吗?

你是否已经做好准备进入量子隐形传态机呢? 如果我是你,我会非常谨慎,原因有以下两点。

首先,尽管目前为止所进行的不多的量子隐形传态实验都得到了理论的支持,并且实验结果令人满意。但是为了实验顺利进行,物理学家们不得不选择初始物体没有消失的稀有例子。事实上,大多数实验演示使用的光子都消失了,正如贝尔游戏中所展示的那样(详见第 108 页"探测漏洞"一节)。物理学家深知其中的原因,然而他们仍然认为实验结果是令人信服的。因此,如果我有选择权,就绝不会让自己在量子隐

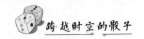

形传态实验中充当那个消失的光子的角色。其实,目前好几个演示已经进行到了原子层次,而在这些演示中没有一个原子消失。不过,至今这些实验的传输距离还不到一毫米。

其次,隐形传输日常物体需要大量的量子纠缠,但是纠缠是极其脆弱的。为了保证量子纠缠,必须避免让其受到任何的干扰,包括与环境的任何相互作用。对于光子,可以将它隔离在光纤中;对于原子,可以将其隔离在特殊的高真空阱中。但是即使是传输一支铅笔也需要大量的纠缠,所以在当下避免干扰是难以实现的,这使得整个传输过程完全不可行。

现今,即使有无限的预算,也没有人知道如何克服这一困难,所以这并不是一个简单的技术难题。是否存在那么一天,我们能成功传输一个病毒的量子态?目前看来,真是任重而道远。首先我们必须知道一个病毒可能的量子态,然而这个看似简单的任务也是难以实现的。也许我们还会发现禁止像我们这般大小的物体的隐形传态的新物理原理。然而没人知道未来会发生什么,这也正是科学的未知而美丽之处!

第 9 章
自然是非局域的么?

　　根据前几章的内容来判断,似乎自然确实能产生非局域关联。但是科学家们不会如此轻易地接受这个结论。一旦某个实验的结果不符合预期,他们会质疑这个理论,甚至是实验本身。实验是否可重复? 对实验结果的解释是否合理? 在前文案例中,实验在世界各地以多种方式重复进行了多次。但是我们要知道,即使当今学界已经确认自然实际上是非局域的,我们依然无法严格排除其他备选解释。

　　在本章中,我们将回顾学界相关的所有理论争论。科学家们尝试各种可能的解释以让他们确信:他们必须舍弃用局域的、相互独立的"现实元素"来描述自然的方式。通过局域性理论所描述的自然就如同小孩子用乐高玩具搭建的小世界,实际上是和贝尔游戏展示的非局域性不相容的。如果你们已经认同世界是非局域的,并且不想继续下述问题的科学讨论,可以直接跳到第 10 章。

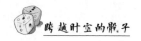

牛顿所处世界的非局域性理论

先从一个非局域性的案例开始吧。我们知道,历史上物理学家们已经多次反对过非局域性。伟大的牛顿万有引力定律也是非局域的。根据这个理论,移动月球上的一块石头,会立刻影响我们在地球上的重量。不论距离多远,这都是立刻发生的,这显然是一个非局域性现象。但与量子非局域性不同的是,我们可以借助于这个理论中的非局域现象来实现任意速度的通信。有人可能会问:物理学家是如何在这几个世纪里慢慢接受这个理论的?事实是,他们根本没有真正接纳这个理论。牛顿本人的反应说明了一切(见百宝箱1):"引力可以不通过任何介质对另一个物体产生作用,这对于我来说简直就是一个天大的谬论。因此,我相信,任何有足够的哲学思维能力的人都不会沉溺于此。"

一直到几十年之后,拉普拉斯登上历史舞台,才有一些思想家将牛顿的理论推上终极真理的神坛,并由此推导出决定论的绝对形式,这实际上是视科学和决定论为一件事。牛顿本人的态度与量子力学之父波尔的态度形成鲜明对比。波尔坚信量子理论是一个完备的理论,他的矢志不移引领了整整一代物理学家。因而当爱因斯坦提出量子理论实际上是非局域的论断时,波尔立刻展开了抨击。谁知道呢,也许正是这一点导致20世纪30年代一些年轻的物理学家错过了贝尔的论断。还是别管这些猜测了,回到手头的正事上来吧。

如今,牛顿的非局域性理论在物理理论中已经难觅踪迹。

爱因斯坦的广义相对论已经取而代之，而牛顿的理论现在被视为一种极佳的近似。根据现有理论，移动月球上的一块石头，需要再过一秒钟左右才能影响我们在地球上的重量，这段时间是信号以光速从月球发往地球所花的时间。

经典的牛顿非局域性故事与本文的关联主要体现在两个方面。一方面，我们可能会想知道，量子非局域性理论是否也同当初牛顿的理论一样，仅仅是个暂时的理论，而且量子理论也仅仅是个好的近似而已。如果情况如此，或许以后我们可以找到某个理论来取而代之，这个理论可以在时空中通过局域方法解释贝尔游戏获胜的关联。然而答案是否定的。我们知道，贝尔的推理是独立于量子理论的，它直接提供了证实非局域性的方法。如果我们赢得贝尔游戏，那么自然就不能用任何局域性理论来完整地解释。

另一方面，物理学令人着迷的一点便是：它对自然总能提供非局域的解释。在 1915 年以前有牛顿的非局域性理论，1927 年以后又有量子非局域性理论。在这短短 12 年的窗口期之外，物理一直是非局域的。我们可能想知道，为何时至今日很多物理学家还是不愿接受非局域性。然而，爱因斯坦作为其中最热心的批评者却一点也不奇怪。毕竟是他在几个世纪后赋予了牛顿理论以局域性内涵。所以当 12 年之后另一个非局域性理论重新占据了物理学的核心位置时，他实在无法忍受。20 世纪 30、40 年代整整二十年间，竟然没有任何人想到贝尔那个绝妙的点子，真是令人遗憾啊！否则，我真想看看爱因斯坦作何反应，想必会很有趣！

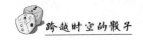

探 测 漏 洞

在贝尔游戏中,每一次操纵杆被推向左边或者右边,盒子都会给出一个结果。但是在此类实验中,光子要么消失了[①],要么无法被探测,因此我们无法记录到任何结果。物理学家很明白为什么某些光子会消失,为什么光子探测器效率有限。然而理论中的游戏和现实中的实验仍然存在着差别。

实际上,物理学家们只关注艾丽斯和鲍勃的盒子都产生了结果的那些情况。也就是说,他们完全排除了其他情况。物理学家们认定自然不会说谎,它不会给出一个有偏差的样本,因此他们假定以这种方式获得的样本足以代表整体。这是个很有说服力的推断,但由于这只是个假设,我们必须考虑到可能会漏掉非局域性以外的其他情况。

假设艾丽斯和鲍勃的盒子采用以下策略。在九点钟,它们只在操纵杆向左推的时候产生一个结果(输入 0),在这种情况下两个结果都是 0。如果两个盒子中的其中一个操纵杆被推向右边,那么该盒子不会产生结果。下一分钟,只有操纵杆向右边推的时候(输入 1)才能产生结果,在这种情况下艾丽斯的结果是 1,鲍勃那里是 0。他们继续以这种方式进行游戏,每分钟盒子只接受一个问题并且给出一个预先已经决定的结果。如果两个盒子之前就已经达成协定,或者我们只考虑两个盒子同时产生了结果的那些情况,那么贝尔游戏每一次都

[①] 从原理上来说,光子消失这一说法并不特别严谨,假如我们在提问之前或者说推动操纵杆之前就知道它会消失的话。

能获胜！确实，所有发生的事情让我们感觉好像盒子已经提前知道了问题，它们只选择回答它们准备过的问题，或者说，只回答包含在其内在程序中的问题。由于只有两个可能的问题，那么每个盒子只有 50% 的概率得到准备好的问题。因此如果在一个实验中每一边半数的光子都消失或者没被侦测到，那么我们很容易找到在 4 次贝尔游戏中赢得 3 次以上的策略。我们甚至可以 100% "获胜"。在这里我把"获胜"加上引号是因为很显然我们在作弊，因为盒子不是每一次都回答问题。

会不会是额外的局域性变量以某种方式给光子编程，使它们拒绝回答某些问题的，或者使探测仪无法侦测某些光子？大多数物理学家对这个假说表示怀疑。他们觉得自己对光子探测仪的功能有深入的认知。此外，他们对多种探测器都进行了实验：有半导体型、热探测型等等。但是如果我们认真考虑额外变量的假说，实在没有理由认为这些变量对侦测光子的概率不会产生任何影响。再一次强调，实验是检验真理的唯一标准。但是没有哪个实验的探测效率能达到 100%。一种规避这个问题的策略是：如果物理仪器没有给出结果，我们就把这些事件记为 0 反馈。这样，我们总能有结果，但显然大多数事件的反馈都会是 0。

通过这种策略我们可以得出，只要在贝尔游戏中侦测到 82.8% 的光子就可以排除任何基于额外局域性变量的解释（见百宝箱 10）。然而，对于目前的光子技术来说 82.8% 还是太高了。幸运的是，我们还可以用其他的粒子来进行贝尔游戏。美国的两个物理研究组分别使用离子（一些失去了部分

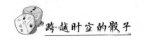

电子的原子)来赢得贝尔游戏并充分地封住了探测漏洞[1]。他们花了 20 多年来处理漏洞,这个例子清楚地展示了这类试验中的技术困难。

百宝箱 10

探 测 漏 洞

假设艾丽斯的盒子产生一个结果的概率为 p,并假定鲍勃的盒子产生结果的概率值与之相等。这样,每次事件中两个盒子都产生结果的概率为 p^2。这种情况下,艾丽斯和鲍勃在 4 次贝尔游戏中能赢得 $2+\sqrt{2}=3.41$ 次。每次事件中没有任何结果产生的概率是 $(1-p)^2$。在这种情况下艾丽丝和鲍勃把这些事件记为 0,同时赢得 4 次中的 3 次。当每次事件只有一个盒子产生结果时,概率为 $2p(1-p)$,此时艾丽斯和鲍勃在半数时间都会获胜,也就是赢得 4 次中的 2 次。因此,艾丽斯和鲍勃获胜概率的平均值为:

$$p^2(2+\sqrt{2})+2p(1-p)\times2+(1-p)^2\times3$$

当 $p>2/(1+\sqrt{2})\approx82.8\%$ 时,他们就能赢得 4 次中的 3 次以上。

---

① Rowe M A, Kielpinski D, Meyer V, et al. Experimental violation of a Bell's inequality with efficient detection. Nature, 2001, 409(6822): 791 - 794; Matsukevich D N, Maunz P, Moehring D L, et al. Bell inequality violation with two remote atomic qubits. Physical Review Letters, 2008, 100(15): 150404; Giustina M, Mech A, Ramelow S, et al. Bell violation using entangled photons without the fair-sampling assumption. Nature, 2013, 497(7448): 227 - 230; Christensen B G, McCusker K T, Altepeter J B, et al. Detection-loophole-free test of quantum nonlocality, and applications. Physical review letters, 2013, 111 (13): 130406.

局 域 性 漏 洞

通过实验展示贝尔游戏的另一个主要难题在于,游戏要求严格的同步性。艾丽斯的盒子必须在鲍勃的选择可能与其发生交流之前就得出结果 a,不论这种交流是不是故意的,也不论这种交流是明目张胆的或隐蔽的。如今,相对论给所有通信的速度都强行设了上限,即光速。所以从鲍勃做出他的决定 y,到艾丽斯的盒子产生结果 a,这段时间不能大于光从艾丽斯的盒子传到鲍勃那里所花的时间。反过来,艾丽斯的选择结果作为一条信息,也没有时间在鲍勃的盒子产生结果 b 之前传到鲍勃的盒子。否则就会产生我们所说的"局域性漏洞",这时,从相对论的意义上来说,艾丽斯和鲍勃就被"局域地连接"[①]。

为了解决这个局域性漏洞,在玩贝尔游戏(并赢得 4 次中的 3 次以上)时,我们需要保证艾丽斯和鲍勃相距足够远并且两者间有极好的同步性。物理学家称之为类空间隔。注意,这个距离还与从艾丽斯做出选择 x 开始,一直到结果 a 被记录为止的这段时间相关(x 和 a 是独立于量子不确定性的经典变量)。这段时间间隔要与前一段提到的时间间隔区分开。

为了阐明这个实验在技术上的难度,我们想象艾丽斯和鲍勃相隔约 10 米,就像下面阿斯佩克特那个著名的实验一

[①]　对于那些对相对论担忧的人而言,这个观点或许会有用:如果光信号在同一个惯性参考系中不能连接两个事件,那么在任何其他相似的参考系中也不能,所以这是个与参考系无关的概念。

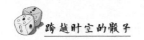

样。光跑完这 10 米只需 1/30 000 000 秒。我们很容易发现，实验的困难在于我们需要在极短的时间内做出选择，完成实验操作(相当于推动操纵杆)，并且记录结果。即使我们使用了先进的光电设备，10 米的距离还是太短了。实验可能要求几百米甚至几公里的距离。除非我们能像个物理学家那样聪明。

在我们思考阿斯佩克特和他的团队如何克服这个困难之前，让我们先关注一下为什么绝大部分的贝尔实验(物理学家不说贝尔游戏，而是使用贝尔实验这个严谨的称呼)并没有关注这个漏洞。原因之一是这些漏洞实在太难解决了。但另一个更普遍的原因是：设计这些实验的科学家很明白，贝尔游戏的关键在于阻止两个玩家通过作弊来获得胜利，就像艾丽斯和鲍勃的盒子那样，而不是将两个玩家分离于类空间隔。我们只要确保他们之间没有办法互相影响就可以了。

为了克服那个只有 10 米宽的实验室带来的难题，阿斯佩克特想出了以下策略。一旦光子离开光源，它们会被振动着的镜子随机导入两个测量装置中的一个。两个装置的测量方法是一样的(光子对其具有相同的选择)，但是由于有两个装置，所以当光子从光源出发时，它们无法预知会被导向哪个装置，因而也就无法预知将回答哪个问题。通过这个计策，剩下唯一的问题就是调整两个振动着的镜子(艾丽斯和鲍勃各执一个)的方位以保证它们以一个足够高的频率相互独立地振动，以避免双方相互影响。而该难点在于确保镜子能真正随机而相互独立地振动。

这个策略使得阿斯佩克特和他的同事们终于在 1982 年

解决了局域性漏洞[1]。这个在巴黎南部的奥赛进行的实验成为物理史上的一个里程碑。从那之后，其他几个实验也成功地解决了这个局域性漏洞。1998 年，宰林格（Anton Zeilinger）在奥地利的因斯布鲁克大学进行了一个非常精密的实验，这个实验采用的距离达到几百米[2]。科学家在实验中利用两个量子随机发生器来产生艾丽斯和鲍勃的选择，并在当地的两台电脑上记录结果。每台电脑均记录了测试的时间、所做的选择以及实验结果，从而实现了每 4 次贝尔游戏中平均赢得了 3.365 次的目标。

在日内瓦，我们利用瑞士电信公司超过 10 公里长的光纤通信网络，同样解决了探测漏洞，这段光纤从日内瓦北边的村庄贝勒维一直延伸到南边的村庄贝尔内[3]。本实验中，我们采用了和阿斯佩克特略有差异的策略[4]。在艾丽斯那端，一面半透明的镜子随机地将光子导入与操纵杆左端对应的测量装置或与操纵杆右端对应的另一个测量装置，并且每一次实验中，两个测量装置各自的探测器只有一个处于工作状态。这样一来，每次实验中艾丽斯这一端只有一个装置能检测到入射的光子。很明显，我们损失了半数光子并且使探测漏洞更大了。

① Aspect A, Dalibard J, Roger G. Experimental test of Bell's inequalities using time-varying analyzers. Physical review letters, 1982, 49(25): 1804.

② Weihs G, Jennewein T, Simon C, et al. Violation of Bell's inequality under strict Einstein locality conditions. Physical Review Letters, 1998, 81(23): 5039.

③ Tittel W, Brendel J, Zbinden H, et al. Violation of Bell inequalities by photons more than 10 km apart. Physical Review Letters, 1998, 81(17): 3563; Tittel W, Brendel J, Gisin N, et al. Long-distance Bell-type tests using energy-time entangled photons. Physical Review A, 1999, 59(6): 4150.

④ Gisin N, Zbinden H. Bell inequality and the locality loophole: Active versus passive switches. Physics Letters A, 1999, 264(2): 103–107.

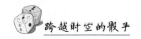

但是由于光纤中存在光子的损耗,而且光子探测器的效率有限,这个漏洞无论如何已经很大了。我们的实验其实和在巴黎以及因斯布鲁克所做的实验是一样的,只是实施起来简单多了。图 9.1 中右图是我们的纠缠光子对的光源。看到那个与标准光纤兼容的小盒子了吗? 它的功能可以媲美图 9.1 中左图所示的阿斯佩克特的整个实验室! 先进技术和物理学家们无限的想象力让我们在 15 年里取得了重大的进步!

图 9.1 这张图左右两部分展现了量子科技领域的巨大进步。左图是1982 年的阿斯佩克特的实验室,他是第一个赢得贝尔游戏的人。我们可以发现,这个大型实验室被笨重的实验仪器塞得满满的。这些仪器为那个历史性的实验提供了纠缠光子源。右图是 1997 年我们在日内瓦第一次进行户外纠缠实验的光源,光子在贝尔内和贝勒维两个村庄之间传输。这个半空的盒子边长约 30 厘米,里面包含了一个纠缠光子源,但它比阿斯佩克特那个高效多了。两个实验之间只隔了 15 年。

两种漏洞的结合

1982 年阿斯佩克特的实验,以及后来的在因斯布鲁克和日内瓦所做的实验,都解决了局域性漏洞。但在这三个实验中,探测漏洞仍然存在。而在那些解决了探测漏洞的实验中,局域性漏洞又依然存在。因此,非要认为自然打算在不同情形中选用这两个漏洞之一来阻碍我们也是符合逻辑的。但这个说法太让人难以置信了，因而现在的大多数物理学家都对此嗤之以鼻。确实，他们向来都把自然当作诚实可靠的好伙伴。自然不会辜负他们。就像爱因斯坦说过的：上帝很狡猾，但他没有恶意。然而，当我们要在一个非局域的自然和一个遵循某种暂时不为人所知但可以同时解决那两个漏洞的复杂法则的自然中二选一时，我们却难以抉择。既然我们讨论的是实验物理学，那么还是通过实验来同时测试这两个漏洞吧。

　　之所以现在还没有做这个实验是因为它实在太复杂了。为了解决探测漏洞，最好选用大质量的粒子，它们比光子更容易探测到。但针对局域性漏洞，光子更有优势，因为它们更适合远距离传播。似乎我们只能等待技术进步，如此我们才能让纠缠光子在远距离上隔空与原子发生纠缠。接下来还要检测光子是否到达，以及能否有效地探测到它们。这个美好愿景可能会在 3 年内成为现实。

　　但目前这两个漏洞的组合尚存[1]，我们必须对其进行实验检测。

不为人知的超光速通信

　　是否还有其他解决办法呢？这个问题很难回答，毕竟要证明缺乏的仅仅是想象力也是有风险的。关于这个问题，似乎物理学家、哲学家、数学家以及信息学家在过去数十年中一直尝试着解答，但是仍然没有甄别出可靠的备选方案。在本

---

[1]　可以同时解决探测漏洞和通信漏洞的贝尔实验已于 2015 年实现。——译者注

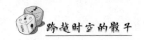

章的剩余部分中，我们将探讨几种可能性。

最先映入脑海的想法是存在某种未被发现的影响作用。这应该是一种 21 世纪初期的物理学家都还没有发现的能在艾丽斯和鲍勃之间进行超光速传播的作用。令人有些惊讶的是，那些非相对论物理教科书如此描述贝尔实验：艾丽斯进行的测量会造成鲍勃那端的波函数非局域地"坍缩"。这个解释和相对论冲突，不过因为没有更好的方法，我们只能这么教学生！

这种未知作用假设也曾进入贝尔的直觉。他说任何事情的发生好像都"基于某种阴谋"，意思就是有些事情只能隐藏在表象下，无法被呈现出来①。

超光速只有在对应于特殊惯性参考系的假说中才有意义，我们称之为特权参考系。还记得吧，惯性参考系就是人为设定的做匀速直线运动的空间坐标轴。

特权参考系这个假设与相对论的精神相抵触，因而大多数物理学家认为这是一种大不敬。然而，这个特权参考系假说实际上并不与相对论冲突。为了说明这一点，我们只要知道：现今的宇宙学恰好包含了一个大爆炸之后定义的参考系，它的原点在宇宙的质心。物理学家们甚至对这个各向同性的参考系给出了精准的测量。在这个参考系中，大爆炸的遗迹——微波背景辐射依然充满着整个宇宙。相对于这个参考系，地球正在以大约 369 公里/秒的速度运行②，其运动的方

① Davies P C W, Brown J R. The ghost in the atom. Cambridge University Press, 1993.

② Lineweaver C H, Tenorio L, Smoot G F, et al. The Dipole Observed in the COBE DMR 4 Year Data. The Astrophysical Journal, 1996, 470: 38.

向也是明确的。

在特权参考系假设中，"影响作用"能够以超光速传播。这一点不能一上来就排除掉。你想想，难道这个参考系就不能为非局域关联提供某些解释吗？如果真能提供解释的话，那么这些关联就不再是非局域的了，因为我们找到了一个局域的解释，即事物在空间中按点对点的机制运行。但是我们该如何在没有搞清楚特权参考系的面目之前就检验这个假说呢？为了能实施这个实验，我们的基本想法是采用和局域性漏洞实验中同样的方法：艾丽斯和鲍勃必须同时做选择并收集结果，这样假说中的影响作用就没时间到达。反正要么远远地分开他们，要么提高他们的同步性。困难在于我们必须确定一个能使艾丽斯和鲍勃行动同步的参考系。因为根据相对论，如果他们在某一个参考系中同步，当他们处于另一个参考系中时就可能不再同步了。若传播速度小于等于光速的话实验就不会有问题，因为在这个参考系中如果光不能及时到达另一方，那么它在另一个参考系中也无法及时到达。但对于更高的速度，我们要知道在那个参考系中艾丽斯和鲍勃的行动必须是同步的。

在美国的伯克利附近的劳伦斯伯克利国家实验室（LBNL），瑞士物理学家艾伯哈赫（Philippe Eberhard）巧妙地设计了一个计策来同时测试所有可能的假设参考系。他的点子相当直观。好奇的读者可以在百宝箱 11 中看看概述。简而言之，该点子利用了地球一刻不停的自转，同时要求艾丽斯和鲍勃位于同一条纬线上。

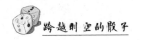
百宝箱 11

萨蒂尼–约西实验

　　我们想象一下艾丽斯和鲍勃在同一条纬线上,他们完全同步地进行测量工作。也就是说,两人的行为相对于与日内瓦一起转动的参考系是同步的。由于地球绕着地轴自转,日内瓦的参考系也随之改变,但是这个改变很慢,因此在测量中可以忽略不计。在这种情况下,根据相对论,相对于沿着艾丽丝和鲍勃两人的位置连线的垂直平分线运动的惯性参考系,他们的测量行为是同步的。推而广之,在同时经过那条垂直平分线和地轴的平面上的任意参考系中,二人的行为也都是同步的。12小时的时间,地球能绕着地轴转半圈,这个平面也将旋转半个周期。这种情况下,我们不必考虑整个空间,只需关注这个平面即可。如果他们二人持续做12小时的贝尔游戏,并且这个特权参考系也确实存在,那么一定存在某段时间,他俩的测量相对于这个特权参考系完全同步。如果二人在每4次贝尔游戏中赢得3次以上,那么这个特权参考系中的超光速通信解释将被证伪。但实际上,实验中的同步性不是绝对的,地球的纬线也存在误差,而且贝尔实验中需要的时间也不能忽略不计。因此,我们只能对假说中的超光速影响作用设置低一些的速度上限。

　　我的课题组在日内瓦附近的两个村庄间进行了这个实验,两个村庄相隔18公里,西起萨蒂尼,东至约西。整个实验持续 12 小时，也就是地球自转半圈的时间，实验重复了 4 次[①]。一个意大利的课题组做了相似的实验[②]。这些结果的解释有一点复杂，因为我们需要知道地球在这个特权参考系中的速度，而这个速度我们根本不得而知。如果我们假定这个速度比地球在根据宇宙质心定义的参考系中的速度慢，实验就可以排除五万倍光速以下的所有影响作用。这已经是一个极高的速度了，远远超乎我们的想象，因而物理学家也认为不存在这种影响作用。世上似乎根本没有如爱因斯坦的名言所述那样的"幽灵般的超距作用"。这再一次证明，非局域相关性似乎来自时空系统之外。

但是光速的五万倍可能都还不够。也许我们需要重新做一次更高精度的实验，以排除速度低于一百万倍光速的所有影响作用。还记得吧，光速差不多是空气中音速的一百万倍（300 000 公里/秒相对于 340 米/秒），那么凭什么下一个速度的大跨步不能是光速的一百万倍呢？

或许也可以考虑一个允许以无限速度传播影响作用的特权参考系。1952 年（我出生那年），玻姆（David Bohm）提出了它在数学上的可行性[③]。然而，这就意味着影响作用可以瞬间到达空间中的任意区域。但是如果这种影响作用可以瞬间连接空间中任意区域，这将是个什么样的空间呢？从某种意义

①　Salart D, Baas A, Branciard C, et al. Testing the speed of spooky action at a distance. Nature, 2008, 454(7206)：861 - 864.

②　Cocciaro B, Faetti S, Fronzoni L. A lower bound for the velocity of quantum communications in the preferred frame. Physics Letters A, 2011, 375 (3)：379 - 384.

③　Bohm D. A suggested interpretation of the quantum theory in terms of hidden variables. Physical Review, 1952, 85(2)：166.

上说,同意这种影响作用作为非局域关联的解释,就意味着我们认同了这些影响作用其实并不在我们这个空间中传播,而是通过我们这个空间之外的零距离的捷径传播。这个假说对我而言没有多少说服力①。也几乎没有物理学家对这个选项感兴趣,但是不得不承认,不少哲学家却对它怀有好感。

一些理论物理学家试图解决这个实验中无法处理的难题——除非对假说中的影响作用设置更低的速度上限,否则实验几乎无法实施,他们想方设法要去证明:在合适的前提假设下,任何潜在的超光速的影响作用一定会导致超光速的通信②。而超光速通信是被相对论所禁止的。因此,我们基本上便可以排除任何潜在的影响作用了。这个研究结果十分有用,它一下子就否定了涉及超光速影响作用的所有假说。真是无巧不成书,在我刚开始写这本书的时候,一个理论物理学家组成的团队成功地否决了涉及以无限速度传播的影响作用的所有非局域性解释(详见第 10 章)。

艾丽斯和鲍勃在对方之前实施测量

我想简单的讨论一下另一个理论,以说明物理学家们是

---

① 为了阻止不通过传输的通信,玻姆的模型假定了某种永远无法操作的变量。但本质上永远无法操作的变量不是物理性的。有趣的是玻姆自己写道:"量子非局域性连接很可能是可以传播的,不是以无限速度而是以远远高于光速的速度传播。这样,我们才能指望找到相对于当前量子理论预测的显著的偏差(例如,通过一种爱斯派克特类型的实验的扩展)"。

② Scarani V, Gisin N. Superluminal hidden communication as the underlying mechanism for quantum correlations: constraining models. Brazilian Journal of Physics, 2005, 35(2A): 328 - 332; Bancal J D, Pironio S, Acin A, et al. Quantum non-locality based on finite-speed causal influences leads to superluminal signalling. Nature Physics, 2012, 8(12): 867 - 870.

如何绞尽脑汁、想方设法来避免接受非局域性的。根据苏亚雷斯（Antoine Suarez）和斯卡拉尼（Valerio Scarani）提出的假说①，当艾丽斯的盒子产生一个结果时，它将以超光速向全宇宙宣告，尤其要告知鲍勃的盒子。反过来，鲍勃对艾丽斯也是如此。因此第一个产生结果的人会立刻通知第二个人，而第二个人会利用第一个人的结果来赢得贝尔游戏，就像上一节展示的那样。但是在这个假说中，超光速不是相对于宇宙中某些特权参考系来定义的，而是在相对发送信息的盒子静止的参考系（物理学家称之为盒子静止参考系）中定义的。确实，每个盒子，或者说盒子的测量装置，都以这种方式定义了一个惯性参考系。而研究这些参考系中的盒子所发送的信息的传播速度一定很有趣。

这样一个假说似乎很难去对其进行检验。实际上，在1997年，当苏亚雷斯和斯卡拉尼提出他们的假说时，它符合当时所有的实验结果。但是必须考虑到：如果艾丽斯和鲍勃带着各自的盒子以非常高的速度相互远离，这时艾丽斯的盒子的静止参考系与鲍勃的静止参考系就不同了。回忆一下，根据爱因斯坦的相对论，从两个相对运动的参考系各自的角度来看对方时，两个事件发生的时间表或者说时间顺序是不同的。因此我们可以这样安排实验：在艾丽斯的参考系中，她先于鲍勃做出选择并收集结果，就在同一个实验中，鲍勃在自己的参考系里也先于艾丽斯做出选择并记录结果。物理学

①　Suarez A, Scarani V. Does entanglement depend on the timing of the impacts at the beam-splitters. Physics Letters A, 1997, 232(1): 9 – 14.

家们称之为"前-前"实验（before-before experiment），因为两位玩家都在对方行动之前作出行动！相对论的魔力可以用来验证量子理论的魔力！

实施这个"前-前"实验的主要困难在于，必须保证艾丽斯和鲍勃的盒子的相对运动足够快，以使得在两个参考系中事件的时间顺序相反。这真的很难做到，但也不是不可能，这需要借助一点想象力。把艾丽斯的整个实验室塞到宇宙飞船里去并不是很现实。不过，要把某个产生真随机的关键组件放进去也不是没可能。在日内瓦先前的一个实验①中，我们把一种探测器放在每分钟一万转的圆盘上，圆盘边缘的切线速度达到 380 公里/时（约 100 米/秒）②。相比于光速的 30 万公里/秒，这个速度跟相对论级别的速度相比实在太小了。不过，如果艾丽斯和鲍勃之间相隔超过 10 公里，两者之间行为的同步性就能让"前-前"实验获得相对论级别的效果。最终，实验推翻了苏亚雷斯和斯卡拉尼的假说。（其实，实验中也有一个缺点：圆盘上放的不是真的探测器而是一个接收器。记录的信息就是是否接收到光子，这相当于艾丽斯的测量结果，信息由放置在干涉仪端口的另一个探测器读取）。

---

① 这个实验由 *Fondation Marcel et Monique Odier de Psycho-Physique* 资助，在获得物理学士学位和数学博士学位后，奥迪耶（Marcel Odier）作为第五代掌门人回到了他家族的私人银行。

② Stefanov A，Zbinden H，Gisin N，et al. Quantum correlation with moving beamsplitters in relativistic configuration. Pramana，2002，59（2）：181 - 188；Gisin N，Scarani V，Tittel W，et al. Optical tests of quantum nonlocality：from EPR-Bell tests towards experiments with moving observers. Annalen der Physik，2000，9：831 - 841.

紧紧跟踪实验进程的苏亚雷斯立即对这个实验做出了评论：高速运动的装置不应该是探测器，而应该是干涉仪末端的分光器。对他来说，镜子构成了选择装置，真正的随机选择结果就是由它产生的。如何让分光器高速移动呢？我的同事茨宾登（Hugo Zbinden）很快就想出了办法：用晶体中的声波传输就可以了。声波在晶体中的传播速度约 2.5 公里/秒，因此我们在实验室里就能完成这个实验了。这个实验又一次证实了量子理论，就算让镜子高速运动，艾丽丝和鲍勃还是能赢得 4 次贝尔游戏中的 3 次以上[①]。苏亚雷斯在纠结了几天后不得不接受了这个结果。尽管其理论被证伪（或者说推翻）了，这个理论也算有道理，他应该对此感到骄傲。

超决定论与自由意志

还有什么更深层次的办法可供挖掘吗？有一种孤注一掷的假说否定了艾丽斯和鲍勃有自由选择操纵杆的推动方向的能力。这相当于否定了自由意志的存在。所以如果艾丽斯无法真正自由地做选择，只是按照事先编好的程序推动操纵杆的话，那么鲍勃或者他的盒子已经知道了艾丽斯的选择。这种情况下，我们假定艾丽斯的选择结果也已经是预先决定好的，并且鲍勃什么都知道了，因此他可以轻松赢得贝尔游戏。

---

① 当苏亚雷斯获悉我们的实验结果时，他立刻来到日内瓦并发现有学生把实验装置搭错了：两个镜子被错弄成了相向运动而不是相反运动！竟然还没人发现！我们才不会为此感到骄傲呢！实验被纠正并重复了，但结果却是一样的。

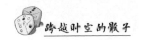

请注意，鲍勃绝对每一次都能获胜，胜率甚至超出量子理论允许的范围[1]。

否认自由意志的存在？真是莫名其妙！难道因为非局域性太令人震惊就要否定我们大家都熟知的自由意志？我们可以训练自己，学习数学、化学和物理，更不必说那么多其他科目。但若没有自由意志，我们将连一个简单的方程、一个明晰的史实甚至最简单的化学反应、最熟悉的经验都无法掌握。依我看，这个观点从最基本的认识论角度来看都是错的。

如果我们没有自由意志，我们绝不会下决心去检验某个科学理论。我们所处的世界里的物体可能都是飘在空中的，只有物体恰好落下来的时候，我们才能睁开眼睛去观察，就像预先编程过一样。必须承认，我没法证明你有自由意志，不过我倒是乐得享受自由意志，而你永远没法证明这一点。这类型的讨论经常进入一个死循环。从逻辑上来说是可行的，但是太无聊了，就像唯我论宣称的：世界上只有我存在，其他人只是我思维的表象。这种超决定论假说完全不值一提。但是它出现在这里是为了阐明，很多物理学家，甚至是量子物理的专家都被量子物理的真随机性和非局域性折磨得近乎绝望了。但对我而言却再清楚不过了：自由意志不仅存在，甚至还是科学、哲学以及人类理性思考能力的前提条件。没有自由意志就没有理性思考。因此，科学和哲学是绝对不能否认

---

[1] 另外，这么大阴谋还要求极其精密的协调，这样才能让艾丽丝和鲍勃的选择相关联并赢得贝尔游戏。

自由意志的。某些物理理论是属于决定论范畴的，比如牛顿力学或者某些量子理论解释。把这些理论像宗教那样推到终极真理的神坛上直接是一个逻辑错误，因为这与自由意志是相违背的。请注意，牛顿从不认为他的理论可以解释一切（这当然不是因为牛顿不够自负）。恰恰相反，他明确表示他的引力理论中的非局域吸引作用很荒谬，不过歪打正着，这个理论至少可以用于计算。拉普拉斯才是把牛顿的理论神话成近乎宗教信仰的始作俑者。他曾经发表了一段名言[1]：

> 一位智者，一刹那便看破了斗转星移，一眨眼便解构了世间万物。只要他愿意，将数据付诸分析，那么无论硕如日月星辰，抑或微如原子秋毫，任你寰宇纵横也逃不出我一个公式。万物于我了然于胸，将来于我历数往昔。

量子力学的历史却是不同。它的奠基人玻尔始终坚信他的理论的完备性，即便大家都知道没有任何科学理论是真正完备的。

总之，否定艾丽斯做出自由选择的可能性就相当于否认科学的意义。我们必须抛弃这个孤注一掷的假说。它不该阻碍科学前进的脚步，也无法给我们有关自由意志更好的理解。但我仍然相信科学将无法穷尽这个特殊的主题。为了能在更轻松的气氛中结束这一部分，我们来改写一下牛顿的话：

自由意志应该是一个幻觉。因此，有人相信空间上远距离的非局域关联的存在，它不需要任何其他物质作为介质。

---

[1]　Laplace P S. Essai philosophique sur les probabilités. Bachelier，1825.

通过或者借助它，作用和力可以从一点传达到另一点，这一事实对于我来说简直就是一个天大的谬论。因此，我相信，任何有足够的哲学思维能力的人都不会沉溺于此。

实 在 论

为结束这个章节，让我们再做一个大胆的假设，那就是否认实在论。这意味着什么呢？它对我们有什么用①？

1990 年以前，要在任何有名气的杂志上发表一篇关于非局域性甚至贝尔不等式的论文几乎是不可能的。尽管量子物理的奠基人已经竭尽全力兜售这门新物理学，经典物理学派的拥护者们却几十年如一日地给他们添堵。他们的下一代继承者也很不顺，即便当时的反对者已经很少了。这样，他们终于无奈地宣称这些研究不会再有进展，也没有什么意义了。直到 20 世纪 90 年代，量子纠缠和非局域性的应用才迫使物理学界重新公正地审视量子物理学②。然而，一个特殊的陋习已经根深蒂固了，那就是人们习惯性地把局域变量写成或者说成局域实在论。我想，谨言慎行应该比深刻内省更重要吧。

如今，在社交场合谈论究竟选择非局域性还是非实在论的话题非常时髦。听到这个，我们要做的第一件事当然是对

---

① 对一些物理学家而言，实在论就意味着决定论。而我们知道非局域性意味着真随机性。因此我们必须找到某种与真随机性相协调的实在论概念。

② 我们注意到第一部关于量子密码学的作品被所有物理期刊退稿了！正因如此，这篇作品出现在一个在印度召开的计算机大会上。这对于一个外行来说很不可思议，但所有经历过的物理学家都知道要发表文章尤其是原创观点的文章是很困难的。需要通过学界内的怀疑论者设置的障碍，以及基本的过滤系统设置的障碍，还必须规避与现有事实不兼容的观点。

非实在论下定义（记住，非局域性指的是"局域概念无法描述的性质"）①。遗憾的是，我没法告诉你非实在论是什么。我感觉它可能是一个心理学上的托词：那些不能接受非局域性的人用来逃避理性的庇护所，非常像某些瑞士人在听到防空警报时会躲进核爆掩体一样。这没问题，但总有一天他们还是要出来的。

但真的没有合理的结论了吗？不一定！先回到贝尔游戏上来。艾丽斯和鲍勃的选择必须是"真"的，他们的结果也得是。物理学家和计算机专家会说，艾丽斯和鲍勃的盒子的输入和输出结果必须是传统的变量，也就是可以识别、复制、存储、显示的数字（比特），简单说就是与量子不确定性无关的绝对具体的实体。在前一节中，我们已经讨论过自由选择（输入）可能只是一个幻觉的假说，但是盒子产生的结果（输出）怎么样呢？这些结果会不会也是不真实的？如果这些结果仅仅是我们脑中的幻觉，我们将退回到关于唯我论的无意义讨论中。然而老实说，我们可能想知道这些结果产生的准确时间。为了防止这些盒子之间互相影响，这些结果必须在受到对方任何可能的影响之前产生。理论上，只需要把两个盒子放得足够远即可，实际上却没那么简单。的确，量子物理中测量结果产生的具体时间是很模糊的。对大多数实验者来说，光子穿过探测器表面最初的几微米并触发电子的级联效应时，结果就已经产生了。但是我们如何确认呢？也许应该派个人等

---

① Gisin N. Non-realism: deep thought or a soft option. Foundations of Physics, 2012, 42(1): 80 - 85.

候最后的放大信号？或者等待结果被记录在电脑的存储器中？抑或是存到人类的记忆中？每次聊到这个话题，贝尔都会放声大笑，并调侃道：这个人是不是还要求有物理博士学位！

尽管量子物理学没有告诉我们结果产生的准确时间，不过我们能肯定这个时间点在光子接触到探测器之后，且在我们意识到这一点之前。这里有一个小小的漏洞：结果产生的时间可能远远晚于实验者所想象的那样，这样某种不为人所察觉的通信可能利用这个时间差在二人的盒子间建立了联系①。

两位物理学家迪奥西（Lajos Diosi）和彭罗斯（Roger Penrose）各自建立了一个理论模型，把测量的持续时间和引力效应连接起来②。他们的模型几乎做出了相同的预言。为了验证它，一旦光子探测器响起来，鲍勃必须立刻快速移动某种有质量的物体。最近，我和我在日内瓦大学的团队一起测试了这些模型以及它们对于贝尔游戏的含义：这二人的模型依然没有超出非局域性的范畴③。因此量子非局域性看起来似乎是铁板钉钉了。

---

① Franson J D. Bell's theorem and delayed determinism. Physical Review D, 1985, 31(10)：2529.

② Penrose R. On gravity's role in quantum state reduction. General relativity and gravitation, 1996, 28(5)：581 - 600；Diosi L. A universal master equation for the gravitational violation of quantum mechanics. Physics letters A, 1987, 120(8)：377 - 381；Adler S L. Comments on proposed gravitational modifications of Schrödinger dynamics and their experimental implications. Journal of Physics A：Mathematical and Theoretical, 2007, 40(4)：755.

③ Salart D, Baas A, van Houwelingen J A W, et al. Spacelike separation in a Bell test assuming gravitationally induced collapses. Physical review letters, 2008, 100(22)：220404.

多 元 宇 宙

　　某些量子物理学家还做了最后的垂死挣扎，那就是假设测量结果从来就没有出现过，这个办法还很流行！根据这个假说，每一次我们都误以为自己进行了一个有着 N 种可能结果的测试，然后宇宙分成了 N 个多元宇宙的分支，每一个都是真实的，并且每一个分别代表了 N 种结果之一。实验者也被分为 N 个版本，每一个看到 N 种结果中的一种。与我们的简单宇宙假设相对立，这是一种多重世界解释，或称多元宇宙解释。这种解释的支持者宣称他们的"解决办法"是最简单的，因为它不需要真随机性。同时，由于依据了奥卡姆剃刀定律①，这个解释应该是合理的。

　　每个人对这个解释的简单性都有自己的结论。对此我只说两点。首先，任何人总能否认真随机性的存在，无论基于什么样的理论，无论实验证据如何②。他只需一口咬定：每当随机性出现时，宇宙就分开了，所有结果发生在一组平行宇宙中。于我而言，这根本就是个特设的假说（ad hoc hypothesis）③。其次，多重世界解释暗示了决定论的极权主义。的确，根据这个

----

　　①　这个定律说的是：在一堆可能的假说中，应该选择最简单的那个。

　　②　当然这里可以作弊。只要附加几个决定未来的非局域隐变量到量子理论中即可。这些参数直接就代表了未来！它们一定要是非局域的，并且不包括在当前的观点中。坦白说，这于我而言不是很有趣。我想说，这不过是文字游戏罢了。

　　③　多元宇宙论的拥护者宣称他们的理论是局域的，但其实并不是这样的。当艾丽丝推动操纵杆时，她的盒子和整个环境会分成两个叠加的分支，每个分支都是真实的。鲍勃也是如此。当二人的环境相遇，他们将以正确的方式纠缠从而在每个分支中遵循贝尔游戏的规则。这就像薛定谔方程描述的动力学，但这与对这个完美的方程说一些模棱两可的话有什么区别？这构不构成一个解释？另外，它真的是局域解释吗？

解释,纠缠从来不是被打破的,而是不断展开。所以,所有一切之间都是相互纠缠的,没有给自由意志留有任何空间。这比牛顿式决定论更差劲,至少后者之中一切都是局域的,而且在逻辑上是分开的。因此,牛顿的理论为将来的理论留了余地——那是一个描述开放世界(在那里现在无法完全决定未来)的理论①。的确,量子理论的兴起满足了这种期待,尽管量子理论也远没能解释自由意志。相反,多重宇宙解释没给开放世界留有任何空间②。

① 对于一个同时包含量子和经典变量(比如:测量结果)的理论而言,如果要求它的量子变量演化以适合经典变量,那么它就是可以公式化的。Diósi L. Classical-quantum coexistence:a'Free Will'test. Journal of Physics:Conference Series. IOP Publishing,2012,361(1):012028.

② Dars J F, Papillault A. Le plus grand des hasards:surprises quantiques. Belin,2010.

第 10 章
当前非局域性研究

　　那么两个时空领域中,某一领域究竟为什么会"知晓"另一领域正在发生的事情呢? 对我而言,这是一个重要的问题。事实上,这甚至是当前概念革命的核心问题。那么,为什么看似没有几个物理学家为它费心呢? 为什么从 1935 年(EPR 佯谬发表的那年)到 20 世纪 90 年代初期(该时期,埃克特表明这些关联可以被用在密码学中[①]),人们会完全忽略这个问题?

　　原因很复杂。1935 年,现代量子物理学蓬勃发展,提供了能够描述许多新现象的方式,物理学家更愿意花时间与精力研究这些重要问题,而不着急去研究量子纠缠和非局域性。况且那时还受到玻尔和他的"哥本哈根学派"的影响,他们明确而又大声地宣称量子力学已经是一个完备的理论,这遏制

---

　　① Ekert A K. Quantum cryptography based on Bell's theorem. Physical review letters, 1991, 67(6): 661.

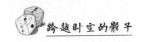

了其他人对这一理论的哪怕一丁点的好奇心。

长期以来，物理学家对现代物理学不断取得的成功感到震惊之余，这个荒谬的断言才逐渐被揭开。确实，怎么可能有任何完备的科学理论呢？这一断言认为，我们在接近终极理论，在此之后我们便无须进行任何探寻了，因为已经没有任何新东西存在了。这是多么可怕的想法啊！但纵观历史，尤其是上两个世纪末期，一些人却深信这种理念。诺贝尔物理学奖获得者温伯格（Steven Weinberg）所著的一本书就是一个很好的例子，书名为《终极理论之梦》①。即使在今天，有些人仍然视万有理论（a theory of everything，TOE）为可能（这一名字多少有些自嘲的味道）。显然，我们并没有获得这一理论，这只是一个美丽的幻想。

然而在 20 世纪 90 年代初期，由于一批新生代物理学家的努力以及与理论计算机科学的协作，情况发生了改变——一个神奇而又迷人的故事浮现了②。

我们如何"衡量"非局域性

现在，量子非局域性的存在已经确定无疑了，物理学家开始"把玩"它。他们喜欢以把玩的心态对待这件事，人们一旦严肃对待有些事的时候，就可能变得非常令人讨厌。只有玩弄一个新东西，人们才能真正熟悉它，无论这个新东西是孩子

---

① Weinberg S. Dreams of a final theory. Vintage, 1992.

② Rothen F. Le monde quantique, si proche et si étrange. Presses polytechniques and universitaires romandes, 2012；Gilder L. The age of entanglement. Vintage Books, 2009.

的玩具还是科学概念。因此,让我们尽情地玩吧! 你一定已经发现这本书就是围绕着一个游戏——贝尔游戏展开的。正是因为这个游戏,我们才能直接进入量子物理学的核心以及它最具标志性的特性——非局域性。

另外一个让物理学家痴迷的事情是试图量化或者说"衡量"一切事物。很显然,非局域性没有重量,但是如何测量并且辨别出非局域性的两种形式中哪个"更大"或者"更深"却是非常重要的。物理学家还没发现一个测量非局域性的好方法。但似乎又存在多种测量方法,这取决于我们正在探究非局域性的哪个方面①。由此可见,我们还没有完全理解非局域性这一概念。

对测量量子纠缠的"数值"这一想法产生怀疑也是十分自然的。尽管我们仍然要承认还有许多问题有待解答,但 1990年以来我们还是取得了很大的进步。我们应该对这样的状况感到失望吗? 当然不是。这意味着,还有很多未知有待发现。

为什么在贝尔的游戏中
不能每次都赢?

在量子物理中,每 400 次贝尔游戏中,我们平均能赢 341次,因此,这比 4 次中赢 3 次的概率高得多,即比艾丽斯和鲍勃的盒子局域地产生结果所能达到的最高概率还大得多。尽管几代物理学家对贝尔游戏如此着迷,却都忘记问: 为什么

① Méthot A A, Scarani V. An anomaly of non-locality. Quantum Information and Computation,2007,7(1): 157-170.

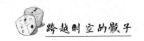

在物理学中不允许每次都赢得贝尔游戏,即 400 次中赢 400 次? 如果自然是非局域的,为什么它不能让贝尔游戏的胜率显得更加完美呢? 是什么物理学原理限制了每次都能赢得贝尔游戏?

非常有趣的是,这个简单且幼稚的问题直到 20 世纪 90 年代才首次被公开提及,在 21 世纪才变为一个研究课题。直到最近,这个问题才有了"唯一"的表述形式:自然(或量子物理学)怎么才能是非局域的? 现今,许多科学出版物正在探索非局域性(可以是比量子理论所允许的更广泛的非局域性)将会带来的结果。这一想法是要在比量子力学更广阔的语境下去询问是什么限制了量子物理使其是现在的样子。

物理学家为此研究而发明的第一个理论"玩具"是 PR 盒子[1],得名于它的发明者波佩斯库(Sandu Popescu)和罗尔利希(Daniel Rohrlich)。对我们而言,这对 PR 盒子听起来似乎相当熟悉,因为这与我们的朋友艾丽斯和鲍勃玩贝尔游戏时用的盒子非常相似。不同的是,用 PR 盒子玩贝尔游戏,艾丽斯和鲍勃每次都赢,即玩 4 次赢 4 次。没人知道如何制作这对盒子,所以你并不能买到它们(不像能让你在游戏中拥有高于 3/4 的获胜概率的量子盒子)[2]。然而这并不能阻止物理学家用它们来进行游戏。PR 盒子就是这样的概念性玩具或者工具。

我只给出两个例子来阐明 PR 盒子的用处。

---

① Popescu S, Rohrlich D. Quantum nonlocality as an axiom. Foundations of Physics,1994,24(3):379-385.

② www.qutools.com

　　第一个是量子关联的模拟。我们已经知道，量子物理学允许我们所做的远超过对体系进行两次测量（见图 5.1）。对于贝尔游戏来说，两次测量就足够了，但物理学家同样可以在无限多种可能测量中进行选择。那么，为了理解这无限多种可能性，必须要有更强的非局域性吗？不涉及细节，实际上我们对非局域性的细节所知甚少，但我们可以做到：利用一对 PR 盒子，我们可以模拟出关于两个纠缠的量子比特的所有可能的量子关联[①]。这是相当令人吃惊的。在不违反"不存在没有传输的通信"这一前提下，我们能用 PR 盒子或者其他能够产生简单或基础关联的盒子模拟出所有量子关联吗？这仍旧是个谜。

　　第二个 PR 盒子用处的例子来自通信复杂性理论（communication complexity theory）[②]。这一理论的目的在于寻求为了实现特定目的而需要进行通信的比特最小值。研究表明，利用量子纠缠我们无法减少必须进行通信的比特数量。然而如果可以利用 PR 盒子，对于很多类型的问题，必需的比特数可以锐减至 1 个比特。简言之，通信复杂性问题便不再是一个问题，而变得很平凡。这似乎很抽象，但确实是非同凡响的。1 比特取代了数十亿比特！但不幸的是，PR 盒子实际上并不存在。如果对 PR 盒子加以限制，使其恰好能避免通信复杂性平凡化呢？这确实是大多数理论信息学家的观点，

　　① Cerf N J, Gisin N, Massar S, et al. Simulating maximal quantum entanglement without communication. Physical Review Letters, 2005, 94(22): 220403.

　　② Brassard G. Quantum communication complexity. Foundations of Physics, 2003, 33(11): 1593 - 1616.

复杂性平凡化之于他们就像超光速之于物理学家一样，这不可能！那么加上这一限制后，我们能够解释量子物理中不能够每次都赢得贝尔游戏了吗？事实也许就是这样。但是，这个问题还没有被完全解决。有人也许会设想 PR 盒子的噪音足够大从而不会使通信复杂性平凡化，但即使如此，它仍然有可能使赢得贝尔游戏的概率超过量子物理的允许[①]。

好了，冒着让你迷失在复杂性解释中的风险，我和你们分享了一些让我这个实验物理学家兴奋的事，希望你们多少有同样的感觉。这些兴奋来自当前正在进行的研究。继续沿着这个方向，我将介绍时下 3 个更受关注的研究主题。不懂没关系，目的在于明白：将来我们将会比现在了解更多。

非局域性：不止两部分

真随机性能够在两个地方同时显现，它是否能在三个地方或者上千个地方同时显现呢？答案并不明确，事情也许是这样的：所有的三地量子关联可以用两地非局域性的结合来解释。现在我们知道事实并非如此，有些量子关联必须利用可以同时在多个地方显现的随机性来解释。但仍然要面对事实：多地非局域性领域，许多事情还有待去研究[②]。

当多个纠缠对和联合测量相结合时，有一种十分有趣的

[①] Brassard G, Buhrman H, Linden N, et al. Limit on nonlocality in any world in which communication complexity is not trivial. Physical Review Letters, 2006, 96(25): 250401.

[②] Svetlichny G. Distinguishing three-body from two-body nonseparability by a Bell-type inequality. Physical Review D, 1987, 35(10): 3066; Collins D, Gisin N, Popescu S, et al. Bell-type inequalities to detect true n-body nonseparability. Physical review letters, 2002, 88(17): 170405.

情况：比如，A-B 和 C-D 是两个纠缠对；量子隐形传态中所使用的联合测量（第 8 章）作用于属于不同纠缠对的两部分，B 和 C。我们假设不同的纠缠对彼此独立（这是一个很自然的想法）。若存在 n 对纠缠对，我们便称之为 n-局域。这把纠缠态的两个方面（不可分离的状态和联合测量）放在了一起，从而开启了整个全新领域①。

　　谁来决定哪两者可以相互纠缠？非局域随机性可以同时在多个地方显现，这些地方的信息存储在哪里？是不是有一种天使管理着庞大的数学空间——希尔伯特空间，而希尔伯特空间存储着信息以决定谁和谁可以相互纠缠？这些信息是不会出现在我们的三维空间里的。尽管这个幼稚而又简单的问题是严肃的，但到目前却没有得到一点关注。

　　让我来告诉你另外一个当前特别活跃的研究：如果不使用量子物理学中完整的数学体系而仅利用非局域性，我们能预测什么？在第 4 章中，我们知道，利用非定域性，不可克隆定理可以被完整地证明。同样，第 7 章所介绍的随机数生成器和量子密码的背后机理也是如此。我们甚至能得到海森堡不确定性关系的主要特征②。另一方面，至今我们仍然不能只用贝尔游戏中的盒子来完全展现量子隐形传态。难点在于联合测量。不涉及量子物理学中的数学框架，我们仍然不

　　①　Branciard C, Gisin N, Pironio S. Characterizing the nonlocal correlations created via entanglement swapping. Physical review letters, 2010, 104(17): 170401; Branciard C, Rosset D, Gisin N, et al. Bilocal versus nonbilocal correlations in entanglement-swapping experiments. Physical Review A, 2012, 85(3): 032119.

　　②　Scarani V, Gisin N, Brunner N, et al. Secrecy extraction from no-signaling correlations. Physical Review A, 2006, 74(4): 042339.

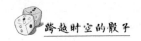
能获得量子世界的基本特征。最近欧洲认识到了这个研究的重要性,并为此聚集了来自 6 个国家的研究者,成立了 DIQUIP (device independent quantum information processing)项目组①。

自由意志定理

现在,由于所有局域解释都被排除了,人们自然会问:非局域解释难道不可以是决定论的吗? 如果我们不能拯救局域性,我们至少要拯救决定论。让我们先来大概了解一下与决定论非局域变量(意味着能完全决定任何测量所产生的结果)相关的论题。

原则上,这听起来是可能的。既然量子理论预测了概率,我们也许会认为:考虑了这些决定论非局域变量的统计组合便足以重现量子概率。这实际上正是我们的学生所使用的用以模拟量子现象的商业化程序背后的原理。那么这是怎么运行的呢?

回想一下,对于两个在空间上相距甚远的事件来说,两事件在时间表上的次序与位置依赖于我们描述两个事件时所采用的参照系。因此,除了如上所述的在计算机上显示量子现象之外,决定论非局域变量只有在所有的参照系下都得出相同的预测结果时,这才有意义。这样的变量被称为协变量。我们将要看到,实际上这是不可能的②,协变的决定论非局域

---

① www. chistera. eu/projects/diqip

② Gisin N. Impossibility of covariant deterministic nonlocal hidden-variable extensions of quantum theory. Physical Review A, 2011, 83(2): 020102.

变量是不可能的。于是,这宣告了决定论的终结!

　　为了表明这种决定论非局域变量不存在,我们必须假设艾丽斯和鲍勃有自由意志。于是,有人论证了:如果我们人类拥有自由意志,那么量子微粒(如电子、光子、原子等)也必然有自由意志。阐述结论所使用的这种引人注目方式(好似营销领域专家)来自英国数学家康韦(John Conway)和美国数学家科亨(Simon Kochen),他们称之为自由意志定理(free will theorem)[1]。

　　让我们再一次用反证法进行讨论。论述会有些复杂难懂,因此如果你被搞晕了,就直接去看结论吧。想象一下,艾丽斯和鲍勃正在玩贝尔游戏,我们选择一个参照系,在这个参照系中艾丽斯比鲍勃稍微早一点推动她的操纵杆,那么在此参照系中会发生什么呢?设 k 为非局域变量,根据假说,k 能够决定艾丽斯和鲍勃的盒子中产生的结果。因此,艾丽斯的结果 a 取决于变量 k 和她的选择 x。我们写下:$a = F_{AB}(k, x)$,其中 F_{AB} 是一个函数。在这一参照系下,当鲍勃推动他的操纵杆时,他的结果 b 可能取决于变量 k 和他的选择 y,但是也可能取决于艾丽斯的选择 x。我们写下:$b = S_{AB}(k, x, y)$。从这里我们可以看出,变量 k 是非局域的[2],因为鲍勃的结果取决于艾丽斯的选择。注意:符号 F_{AB} 和 S_{AB} 表示 A 和 B 在时间上的先后次序。

---

　　[1]　Conway J, Kochen S. The free will theorem. Foundations of Physics, 2006,36(10):1441-1473.

　　[2]　更确切地说,变量在本质上没有局域或非局域之分。在本案例中,物理学家说变量 k 是非局域的,这是因为 S_{AB} 函数对它的使用。

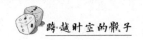

现在,在另一个参照系下考虑相同的场景,在此参照系下鲍勃比艾丽斯稍早推动操纵杆。比如,参照系可以选择为以飞快的速度由艾丽斯向鲍勃行进的火箭。在这种情况下,鲍勃的结果 b 只取决于变量 k 和他的选择 y,因此,我们可以写成:$b = F_{BA}(k, y)$。然而,艾丽斯的结果 a 现在可能取决于非局域变量 k,她的选择 x 以及鲍勃的选择 y,所以我们又有了:$a = S_{BA}(k, x, y)$。再次注意:F_{BA} 和 S_{BA} 表示 B 和 A 在时间上的先后次序。

但是艾丽斯的结果 a 不能取决于用以描述实验(这个游戏)的参照系。因此,$a = F_{AB}(k, x) = S_{BA}(k, x, y)$ 永远成立。只有当 S_{BA} 实际上不取决于 y 时,后面的等式才成立,因此艾丽斯的结果实际上并不取决于鲍勃的选择。同样地,鲍勃的结果也不取决于艾丽斯的选择。但是,这是 1964 年贝尔用公式表示的局域性条件:艾丽斯的盒子局域地产生结果,鲍勃的盒子也一样。在这种情况下,就像我们所知道的,艾丽斯和鲍勃在贝尔游戏中的得分不会超过 3。也就意味着,如果实际中他们的得分超过了 3,协变的决定论非局域变量的可能性就被排除了。

总而言之,剩下的唯一可能性就是**非决定论非局域变量**(non-deterministic nonlocal variable)。这就是量子理论对贝尔游戏的描述。值得注意的是,这里的"非决定论"是又一个带有否定意味的修饰语(对比第 72 页)。它没有告知我们这些变量是什么,也没有告诉我们这些变量或者模型是如何描述贝尔游戏的。它只是断言它并非是决定论的。值得注意的是,非决定论并不是指普通意义上的概率主义,因为它不是确定性情况的统计组合。[科尔贝克(Roger Colbeck)等人[①]以及普西(Pusey)等人[②]的论文对这方面的研究给予了很好的论述。]

一种隐藏的影响(隐影响)?

我忍不住要再描述一个最近的结果,尽管实验结果再次是"负面的"。为了保留局域性,也就是说为了保留以下想法:事物和影响以点对点的形式连续地传输,没有跳跃或者中断(跨越这种根深蒂固的想法是多么艰难啊!),让我们想象艾丽斯或者她的盒子以某种精妙的方式隐秘地影响鲍勃,而这种影响方式还没有进入 21 世纪初期物理学家们的视野。这是多么诱人的想法! 或是鲍勃也这般影响了艾丽斯,而谁影响谁取决于他们中谁先做了选择。由于时间顺序取决于参照系的任意选择,因此想象或许存在着某特权参照系,在此参照系下所有关联事件的时间顺序被彻底、永远地确立下来,是很有吸引力的想法。我们已经知道,实验为这种隐藏着的影响的速度设定了一个下界(见第 9 章)。但事情不可以是这样吗? 譬如,非局域性的出现可能是源于某种在艾丽斯和鲍勃之间点对点、连续地传输的相互影响——在特权参照系下,这一相互影响的传输速度奇快无比,只是当今的物理学家还没有识别出这一特权参照系。根据这个假说,如果这个影响及

---

① Colbeck R, Renner R. No extension of quantum theory can have improved predictive power. Nature communications, 2011, 2: 411.

② Pusey M F, Barrett J, Rudolph T. The quantum state cannot be interpreted statistically. Nature Physics, 2012, 8: 476.

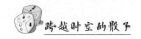

时到达,那么观察到的关联就如同量子理论所预测的那样。但是如果这个影响没有及时到达,那么这个关联则必然是局域的,因此我们便赢不了贝尔游戏。这样一个假说并没有尊重爱因斯坦相对论的理念,但是它与相对论中的任一实验都不矛盾。简而言之,这个假说与相对论维持着"平和的"共存,就像非局域量子关联恰好允许我们能够赢得贝尔游戏一样。

一开始,排除这样一种解释看似不可能。我们充其量只能完成第9章描述的那种实验——对这个假定影响的速度设立一个下界。但其实我们可以比那更聪明。

传输速度快于光速的影响的存在必然意味着我们能够以超光速进行通信吗?有人设想那种影响可能是永远隐藏的。这听起来并不是一个物理学意义上的解释,但设想如下便显得自然了:只要物理学家不能控制这些影响,那么他们就不能利用其进行超光速通信。

但令人惊讶的是,正是这个简单的设想(据此,不能控制这种相互影响便无法实现超光速通信)便足以证明这种相互影响不可能存在!这个结果是在本书写作过程中我和合作者一起发现的。这些合作者包括:我的学生邦卡尔(Jean-Daniel Bancal),我的马来西亚博士后梁永成(Yeong-Cherng Liang)以及我的 3 个前同事——现居于布鲁塞尔的皮罗尼奥(Stefano Pironio)、巴塞罗那的阿辛(Antonio Acin)和新加坡的斯卡让尼(Valerio Scarani)。这是早在十年前就开始的伟大探索的结晶。由于它花费了我们所有的时间,所以请不要对它的复杂感到吃惊。我将尝试总结这些发展,当然,你也可以直接跳到结论部分。只要理解这一点：以任意有限速度（比光速快，但速度是有限的）传播的还未被发现的局域性影响这一假设也被排除了。自然必然是非局域的！

超光速隐影响假说能够再现两个玩家（如我们的朋友艾丽斯和鲍勃）之间的所有实验结果。实际上，由于具体的试验中，同步不可能完美地实现，因此我们总可以设想这些隐影响传输得足够快，从而使两个事件关联。若玩家的数量增加到了三人，该问题则仍未解决①。但当有四名玩家（A、B、C 和 D）时，我们发现了以下论据：设想在特权参照系下，A 首先进行了她的测量，然后是 D，再然后 B 和 C 差不多同时进行测量。测量时机的选择保证了从 A 发出的影响及时到达其他三名玩家那里，从 D 发出的影响及时到达 B 和 C，但是 B 和 C 无法影响彼此。在这种特殊情况下，根据隐影响假说，关联 ABD 和关联 ACD 就是量子理论所预测的那些关联。然而关联 BC 是局域的。但是我们发现了一个让人惊讶的不等式②，所有满足以下两点要求的四玩家间关联都满足这一不等式：一、BC 间关联是局域的；二、四玩家间关联无法被利用以实现"没有传输发生的通信"。更进一步，这个不等式只涉及 ABD 间关联和 ACD 间关联。这些"三体"中的每一个都通过隐影响假设而相互连接的，例如 A 影响 D，D 影响 B。因此，

---

① 在完成这本书后，该问题被解决了。Barnea T J, Bancal J D, Liang Y C, et al. Tripartite quantum state violating the hidden-influence constraints. Physical Review A, 2013, 88(2): 022123.

② Bancal J D, Pironio S, Acin A, et al. Quantum non-locality based on finite-speed causal influences leads to superluminal signalling. Nature Physics, 2012, 8(12): 867 – 870.

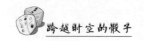

任何使用有限速度隐影响的模型对于该不等式都将做出与量子力学相一致的预言。但是量子力学预言违反了我们的不等式，因此我们可以这样总结：任何一种付诸有限速度隐影响的模型必然产生允许超光速通信的相关性。

该结果结束了由约翰·贝尔发起的研究规划——通过连续性原理（即每个事物在空间中由一点到下一点连续地传输）来解释量子关联。图10.1详解了该规划，而结论显然是：相隔遥远的事件以非连续的方式相互连接着，而自然的确是非局域的！

连续性原理	
利用共同的过去因素对关联进行解释	通过第一个事件引发下一个事件对关联进行解释
局域性隐变量	有限速度的隐影响
不可能赢得贝尔游戏	第10章所述
与量子理论预测相矛盾 解释被驳斥	与量子理论预测相矛盾 解释被驳斥
自然不满足连续性原理	
自然是非局域的	

图10.1 贝尔的研究规划。如今该项目已经完成。量子物理中的某些关联不存在局域性解释。自然是非局域的，上帝确实掷骰子来实现非局域性，但只允许不与"无法实现超光速通信"原则相违背的非局域性。

结　语

　　至此，本书也接近尾声了。我已经提醒过你，别指望所有东西都能理解。也没人知道为什么量子物理是非局域的。另一方面，你可能已然明白：自然不是被设定好的，自然是纯粹的创造者。或者说，自然可以产生真正的随机事件。而且，一旦我们接受了这些观念（即自然可以创造出真正的随机事件，这些事件并非预先就存在，只是我们看不到而已），我们便会理解：没有什么可以阻止真随机性同时在空间中的多个位置出现，但并不可以据此实现超光速通信。

　　这些位置不是任意的，而首先必须是纠缠的。纠缠由量子物质（例如光子或电子）所携带，这些物质的传输速度是有限的，低于或等于光速。从这个层面上看，虽然非局域随机性可以在相隔任意远的两个位置同时出现，距离和空间的观念仍然是有意义的。

　　在本书中我已经说过，非局域关联似乎来自时间和空间

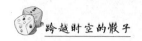

之外。之所以如此说是因为：在时间和空间范围之内，随着时间的流逝而所能发生的任何故事都无法对自然产生如此关联的方式给予合理的解释。实际上，常规的故事只能告诉我们事物之间如何以一点到下一点的连续方式相互影响、相互运动；没有任何常规的故事能描述清楚非局域关联。但那是不是就意味着物理学家必须抛弃一切他们为了解自然所做的努力呢？让我惊讶的是，很多物理学家并不太在意这个问题。似乎只要能做必要的运算他们就心满意足了。或许这些物理学家会认为计算机会理解自然？

然而，科学的特征恰恰就是对好的解释的探求。

在量子物理学出现之前，科学中所有被观察到和被预测的关联都能够用由一点到下一点连续传播的因果链来解释，即可以被局域地解释。所有这些前量子时代的解释同样都是决定论的。原则上，一切都是由初始条件决定的。虽然实际上要掌握这些确定的因果链的所有细节是不可能的，物理学家仍毫不怀疑它们的存在。但量子物理迫使我们为非局域关联构建新的美妙解释。

但是我们怎么解释或说明非局域性呢？利用前量子时代的概念工具是不可能做出解释的，所以我们不得不扩展我们的工具箱。其中一种工具就是纠缠物质所产生的非局域随机性。

想象一种与第 10 章所讨论的 PR 盒子相似的"概念骰子"，艾丽斯和鲍勃可以用它掷出随机的结果，每个骰子将显示的结果同时与艾丽斯和鲍勃有关。艾丽斯和鲍勃的测量选择，即他们的推杆方向选择开启骰子的投掷。稍微更正式地说,这个随机过程可以通过艾丽斯选定她的输入值 x 或者鲍勃选定他的输入值 y 来启动。输出的结果 a 和 b 是随机的,但是必须保证这 4 个值之间具有某种"联系"(或"吸引"),而且这种"联系"支持方程 $a+b=x\times y$ 背后所蕴含的非局域相关性。如果我们同意这种解释,那我们就能理解非局域性——就像我们同意地球上所有的物体,尤其是人类能被地球所吸引,我们就能理解万有引力一样。自然地,当我们谈到万有引力时会用电冰箱磁铁的磁力来类比。如果量子密码在日常生活中已经很普遍,那么我们就能对我们的孩子们说:"你看,非局域性就在量子密码里面。艾丽斯和鲍勃在相隔遥远的两个地方,他们共同'创造'了密钥,密钥总是在同一时刻显现给两个人,而不是一个人先做出来再传给另一个人。"

解释非局域随机性只有这一种方式吗?有些人倾向于"逆向因果"的观点,也就是说,艾丽斯的选择沿时间线逆向回到纠缠产生的时刻发挥作用,然后又沿时间线正向作用于鲍勃的量子系统。逆向因果沿时间线朝着过去的方向发挥作用,它在空间中逐点传播。就个人而言,我丝毫不怀疑像相对论一样,非局域论给我们理解所熟悉的时间概念带来困难,但是真要想象时间线上逆向的因果,跨度也太大了吧!

我提到的这种方法是目前研究的一个例证。你也许已经发现,我倾向于我自己基于非局域随机性观念的解释,即非局域随机性可以同时在多个地方出现,不论相互距离多么遥远。但事情也很可能变得不一样:未来的物理学让我惊讶,新一

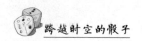

代物理学家采用的是完全不同的解释方式。但是有一件事是确定的：我们将会清晰地理解非局域性。物理学家绝不会抛弃他们理解世界的伟大进取心，他们也一定会给非局域性找到精妙的解释。

至此，非局域随机性成了我们概念工具箱中一个新的解释模型，与几世纪以来我们积累的其他概念工具一起帮助我们理解世界。这是一场真正的概念革命！自从量子理论预测了非局域关联的存在，除了接受和运用这种新的解释，我们别无选择。

经历了一段漫长的岁月，量子非局域性才作为物理学核心概念被接受。时至今日，一些物理学家仍然排斥"非局域"这一术语①。然而早在 1935 年，爱因斯坦和薛定谔等物理学家就坚持认为量子理论的这个方面是其主要特征。看来，这些"多疑"的物理学家没有意识到的只有"量子非局域性不允许通信"这一点。艾丽斯和鲍勃之间没有东西往来。事情只是：一个随机事件以一种无法用局域观点来描述的方式在多个地方同时发生，这种方式是非局域的。爱因斯坦所说的"非局域作用"是错误的，因为根本不存在艾丽丝对鲍勃或者鲍勃对艾丽丝的任何作用。不过从他强调量子理论这个方面的重要性来看，他是有先见之明的，因为这个方面正是量子物理区别于传统物理的地方。如今，当我们想确定一个系统是否是量子系统时，我们必须证明这个系

---

① 过去二十年里，事情已经发生了很大的改观。量子信息的出现和庞大的固态物理学界的转变共同见证了那些二十年前几乎被禁用的词语越来越多地被使用，例如"非局域性"、"非局域关联"、"真随机性"以及"贝尔不等式"。

结 语

统是否可以产生非局域关联,即是否可以被用来赢得贝尔游戏。如今,违反贝尔不等式恰恰成了量子世界的一个鲜明特征。

但这对于我们的直觉来说仍然是个沉重的打击。仍在发展中的量子技术终有一天能够将量子物理学及其非局域性直观地展现给我们吗?我觉得一定会。我们可以开始毫无顾忌地抛弃过时的术语"量子力学",而系统地以"量子物理学"代之。物理学的这一特殊分支并不涉及力学。

再次总结下主要观点。我们已经知道,非局域关联和真随机性的存在之间的联系非常紧密。若没有真随机性,那非局域关联就可以被用于实现任意速度的、不依赖点对点传播的通信。因此,这本书的核心观点意味着——真随机性的存在以及决定论的终结。反之,一旦真随机性的存在被接受,非局域关联的存在也会让人信服,不再像经典物理学(决定论与之相随)使我们认为的那样疯狂。确实,如果自然真有能力产生真随机事件,那么凭什么自然中的关联要被限制为局域关联?

非局域性对形而上学的影响,也就是对现代物理学视角下的世界观的影响,我们对其不能作过高的估计。在欧洲,原子论的观点用了几个世纪才深入人心。这是一个由大量原子组成的世界,它们就像微小到无法被察觉的珠子,以不同的方式聚集、组合、形成我们所认识的所有物体。它们的无规律运动产生了热能,为蒸汽机提供了能源,从而引起了工业革命。那个时候在中国,这种世界观似乎反响不大。他们认为,在原子之间全是虚空的世界中,我们将既看不见也听不见——因

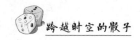

为我们的感官会被这虚空所抑制[①]。显然,在中国古代的形而上学中,超距作用是非常自然的,是宇宙中万事万物的大和谐。但量子物理学并不支持那一整套世界观。在量子物理学中,每个事物并不是与其他任何事物都能相纠缠,只有少数稀有的事件会以非局域的方式相关联。另外,我不惜再重复一遍,并不存在"此处的因作用于彼处的果"这种说法。纠缠态是一种"概率性原因",它的结果可以在不同的地方显现,却不允许超距离通信。纠缠态决定了物体对特定问题作出什么样相应反应的自然趋势。这些反应不是预先被决定好的,也并没有被铭刻在物体的状态上。只有产生各种可能反应的概率被刻在了物体的状态上。

量子物质自身并没有包含物理学家可能会探求的所有问题的答案,而只包含了产生各种可能答案的概率,我觉得这很正常。我认为,世界并非决定论的这一点并不难接受。在我眼中,充满了遵循明确定律的发生概率和随机事件的世界远比一个自时间起始便一切确定了的世界有趣。

这个世界尚有许许多多事物亟待我们去发掘。尤其是目前我们还不能使量子物理和爱因斯坦的相对论很好地兼容。更不用说,我们还不了解这背后的完整数学结构,不了解其在信息处理领域的所有潜在应用。也许是最令人惊讶的一点,我们仍不了解非局域性的边界:为什么量子物理不允许更多的非局域性?

---

① Needham J. Science in traditional China: a comparative perspective. Chinese University Press, 1981.

　　上面这个问题是我们自爱因斯坦、薛定谔、贝尔以来取得的认知进步的绝佳例证。当年他们的问题还是：量子理论预言的非局域关联真的存在吗？现在已经没有物理学家会怀疑这一点。现在的问题是：如何整合非局域相关性与相对论，以及如何理解非局域性的边界。这要求我们跳出量子理论的框架来研究量子非局域性。我们正为此努力！

译后记

　　宛如一枚跨越时空的骰子，在我面前停下来，上面赫然写着：中文译者，且冲着我喊：嘿，就是你了！本科学习物理的我，后转道科技传播，于 2008 年翻译了《囚禁离子：实现量子计算》，2009 年翻译了《爱因斯坦错了》，2010 年翻译了《科学之妖——如何掀起物理学最大造假飓风》，同时组建了新媒体科普创新团队，为中国科学技术大学科研工作者发表的论文设计 *Nature* 等顶级杂志的封面图像——犹如好奇的孩子，用手指头蘸水，点开了谜一般的量子世界的纱窗，刚窥探到一点点的妙趣。费时一年多，为大家呈现吉桑原作的所有内容，我的感受是：殊为不易！

　　这枚跨越时空的骰子，落在尼古拉·吉桑先生前面，那就印着"著者"了！确实，量子物理有诸多悖离常识之处，会让人如堕五里雾中。为了更好地对量子物理基础理论进行阐释，引领大家跟随前沿进展而思考，吉桑找了两位经典的角色爱丽丝和鲍勃来串讲各种神奇的故事。故事娓娓道来，优雅、酣畅、不失睿智且直击要害,非常值得一读,尽管阅读起来或许会稍费心力。当你读到这里,这枚骰子已经幻化万千,悄然飞进寻常读者家,不论你是科研人员,还是科学爱好者,如有耐心读完此书,定会对该领域有全新认识!

本书能够完成,首先要感谢好友中国科学技术大学潘建伟教授的鼓励与支持,感谢中国科学技术大学张军、清华大学马雄峰和台湾成功大学梁永成等的细致审读。其次,我要感谢终身学习实验室的小伙伴们参与初稿的翻译,他们是蒋宇澄、杨正、解歆韵、宋怡然、刘璐、盛丹、郑斌、王懂、吴晓蕾。郑斌、王懂、吴晓蕾参与了本书终稿的校译。同样感谢上海科学技术出版社王佳编辑的辛勤付出。

缺陷与不足必然存在,若在阅读本书过程中发现问题,请各位不吝赐教。

周荣庭

中国科学技术大学

2016 年 7 月 11 日